NEW 택시운전
자격시험 문제집

택시운전자격시험 안내

 응시자격

- 제2종 보통 운전면허 이상 소지자
- 시험 접수일 현재 연령이 20세 이상으로 운전경력이 1년 이상인 자
- 운전적성 정밀검사(교통안전공단 시행) 기준에 적합한 자
- 택시운전자격 취소처분을 받은 지 1년 이상 경과한 자
- 여객자동차운수사업법 제24조 제4항의 택시운전자격 취득 제한사유에 해당하지 않는 자

여객자동차 운수사업법 제24조 제4항
④구역 여객자동차운송사업 중 일반택시 또는 개인택시 여객자동차 운송사업의 운전자격을 취득하려는 사람이 다음 각 호의 어느 하나에 해당하는 경우 자격을 취득할 수 없다. 1. 다음 각 목의 어느 하나에 해당하는 죄를 범하여 금고 이상의 실형을 선고받고 그 집행이 끝나거나 (집행이 끝난 것으로 보는 경우를 포함한다) 면제된 날부터 최대 20년의 범위에서 범죄의 종류·죄질, 형기 등을 고려하여 다음 각 목의 기간이 지나지 아니한 사람 　가. ㉮「특정강력범죄의 처벌에 관한 특례법」 제2조 제1항 각 호에 따른 죄: 20년 　　㉯「특정범죄 가중처벌 등에 관한 법률」 제5조의 2부터 제5조의 5까지, 제5조의 9 제1항부터 제3항까지 및 제11조에 따른 죄: 20년 　　㉰「특정범죄 가중처벌 등에 관한 법률」 제5조의 9 제4항에 따른 죄: 6년 　　㉱「마약류 관리에 관한 법률」 제58조부터 제60조까지에 따른 죄: 20년 　나. 「성폭력범죄의 처벌 등에 관한 특례법」 제2조 제1항 제2호부터 제4호까지, 제3조 부터 제9조까지 및 제15조(제13조의 미수범은 제외한다)에 따른 죄: 20년 　다. 「아동·청소년의 성보호에 관한 법률」 제2조 제2호에 따른 죄: 20년 2. 제1호에 따른 죄를 범하여 금고 이상의 형의 집행유예를 선고받고 그 집행유예기간 중에 있는 사람

 응시원서 교부 및 접수

- 응시원서 교부 및 접수기간 : 시·도 조합별 일정을 달리함
- 응시원서 교부 및 접수처 : 각 시·도 택시운송사업조합

 응시원서 제출 시 구비서류

- 응시원서(소정양식) 1부
- 운전면허증
- 사진 2매 (3×4cm), 최근 3개월 이내 촬영한 상반신
- 수수료

 시험과목 및 방법

구분	과목	문항수	방법	시험시간
필기시험	1. 해당지역 지리 2. 도로교통법 3. 여객자동차운수사업법 4. 택시운송사업의 발전에 관한 법규 5. 안전운행 6. LPG 자동차안전관리 7. 운송서비스 　(영어, 일어, 중국어 : 4~7문제) 8. 응급처치법	80	4지 선다형	80분간

 합격자 결정 및 발표

- 필기시험 총점의 6할 이상을 얻은 자를 합격으로 한다.
- 발표 : 시험당일 택시조합 게시판 및 홈페이지에 공고
　　　　(해당 택시조합으로 문의)

 자격증 발급신청 및 구비서류

- 발급장소 : 각 시·도 택시운송사업조합
- 합격자 : 합격일로부터 30일 이내에 자격증을 발급 받아야 한다.
- 구비서류 : 신청서 1부
　　　　　자격증 발급 수수료 : 시·도 조합별로 달리함
　　　　　사진 1매 (3×4cm)
　　　　　운전면허증

 자격증 발급신청 및 구비서류

구분	과목	출제범위	문항수	비고
교통 및 자동차 운수사업 법규 등	교통법규	• 도로교통법 일반개요 • 교통사고 특례법 • 범칙행위별 범칙금 내역 • 운전면허 행정처분 사항 등	광역시 25 도지역 20	총점 60점 이상 합격
	여객자동차운수사업규및 택시운송사업의 발전에 관한 법규	• 여객자동차운수사업법 일반개요 • 운수종사자 취업요건/교육사항 • 택시운전자격시험관련 사항 • 택시운송사업의 발전에 관한 법규 • 위반행위별 행정처분 사항 • 운전자 준수사항을 제외한 기타사항 등		
안전운행	안전운행	• 교통안전시설 개요 • 신호기, 교통안전표지, 노면표시 • 교통사고 예방을 위한 안전 운행 방법 • 차량안전관리 등	광역시 15 도지역 20	
	LPG 자동차 안전관리	• LPG자동차 안전관리 법규 • LPG자동차 구조와 기능 등 • LPG자동차 GAS취급방법 • LPG자동차의 일반적 특성 등		
운송 서비스	운송 서비스	• 여객자동차운수사업법 중 운전자 준수 사항 • 대승객 서비스 자세 • 차량고장시 승객에 대한 조치 • 교통사고시 승객 및 환자에 대한 조치 (응급처치 관련사항 제외) • 운전자가 알아야할 일반상식 등 (영어, 일어, 중국어)	광역시 15 도지역 20	
	응급 처치법	• 응급처치방법 • 교통사고 환자 후송절차 • 운전자의 직업병과 예방방법 등		
지리	교통통제 구역	• 일방통행로 • 자동차통행금지구역 • 차종별통행금지구역 • 사고다발지역 • 주·정차금지구역 등	광역시 25 도지역 20	
	시(도)내 주요지리	• 주요 관공서 및 공공건물 위치 • 주요 아파트단지 위치 • 주요 간선도로명 • 공원 및 문화유적지 • 유원지 및 위락시설 • 주요 호텔 및 관공명소 등		
총계	1)교통통제구역은 광역시의 경우에만 출제		80문항	

차례 # Contents

제1편 ## 교통 및 여객자동차운수사업 법규 등

교통 및 여객자동차운수사업 법규 핵심정리 ⋯⋯⋯⋯⋯ 06
- 교통법규 ⋯⋯⋯⋯⋯⋯⋯⋯⋯⋯⋯⋯⋯⋯⋯⋯ 06
- 여객자동차운수사업법규 등 ⋯⋯⋯⋯⋯⋯⋯⋯ 07
- 택시운송사업의 발전에 관한 법률 ⋯⋯⋯⋯⋯ 13

출제 예상 문제 ⋯⋯⋯⋯⋯⋯⋯⋯⋯⋯⋯⋯⋯⋯⋯ 14

제2편 ## 안전운행 및 LPG자동차 안전관리

안전운행 및 LPG자동차 안전관리 핵심정리 ⋯⋯⋯ 26
- 안전운행 ⋯⋯⋯⋯⋯⋯⋯⋯⋯⋯⋯⋯⋯⋯⋯ 26
- LPG자동차 안전관리 ⋯⋯⋯⋯⋯⋯⋯⋯⋯⋯ 29

출제 예상 문제 ⋯⋯⋯⋯⋯⋯⋯⋯⋯⋯⋯⋯⋯⋯⋯ 32

제3편 ## 운송서비스

운송서비스 핵심정리 ⋯⋯⋯⋯⋯⋯⋯⋯⋯⋯⋯⋯⋯ 42
- 운송서비스 ⋯⋯⋯⋯⋯⋯⋯⋯⋯⋯⋯⋯⋯⋯ 42
- 응급처치 ⋯⋯⋯⋯⋯⋯⋯⋯⋯⋯⋯⋯⋯⋯⋯ 43
- 택시운전자를 위한 기초 회화 ⋯⋯⋯⋯⋯⋯⋯ 45

출제 예상 문제 ⋯⋯⋯⋯⋯⋯⋯⋯⋯⋯⋯⋯⋯⋯⋯ 47

제4편 ## 지리(서울, 경기, 인천)

4-1. 서울특별시 지리 핵심정리 ⋯⋯⋯⋯⋯⋯⋯ 55
    서울특별시 지리 출제 예상 문제 ⋯⋯⋯⋯⋯ 59
4-2. 경기도 지리 핵심정리 ⋯⋯⋯⋯⋯⋯⋯⋯⋯ 69
    경기도 지리 출제 예상 문제 ⋯⋯⋯⋯⋯⋯⋯ 73
4-3. 인천광역시 지리 핵심정리 ⋯⋯⋯⋯⋯⋯⋯ 82
    인천광역시 지리 출제 예상 문제 ⋯⋯⋯⋯⋯ 84

※지리는 자신의 응시지역에 해당하는 것만 공부하세요.

제 1 편

교통 및 여객자동차운수사업 법규 등

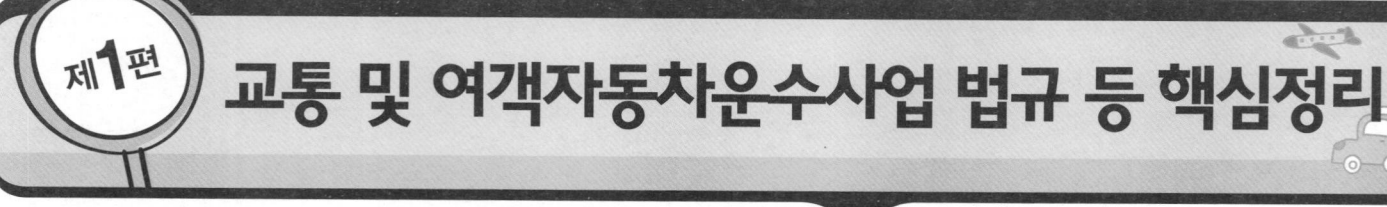
🚕 교통법규

1. 목적

도로에서 일어나는 교통상의 위험과 장해를 방지하고 제거하여, 안전하고 원활한 교통을 확보하기 위해서이다.

2. 도로의 정의와 종류

(1) 도로의 정의

「도로법」에 의한 도로, 「유료도로법」에 의한 유료도로, 「농어촌도로정비법」에 따른 농어촌도로 그 밖의 현실적으로 불특정 다수의 사람 또는 차마가 통행 할 수 있도록 공개된 장소로서 안전하고 원활한 교통을 확보할 필요가 있는 장소를 말한다.

(2) 도로의 종류

① 도로법에 의한 도로 : 일반 교통에 공용되는 도로로서 고속국도, 일반국도, 특별시도, 광역시도, 지방도, 시도, 군도, 구도로 그 노선이 지정 또는 인정된 도로

② 유료도로법에 의한 도로 : 유료도로법에 의한 유료도로(통행료를 징수하는 도로)

③ 농어촌도로 정비법에 따른 농어촌도로 : 농어촌지역 주민의 교통 편익과 생산·유통활동 등에 공용(共用)되는 공로(公路)로 면도(面道), 이도(里道) 및 농도(農道)로 구분

④ 기타 도로 : 도로법에 의한 도로, 유료도로법에 의한 도로 이외에 현실적으로 불특정 다수의 사람 또는 차마의 통행을 위하여 공개된 장소로서 안전하고 원활한 교통을 확보할 필요가 있는 장소

3. 교통사고처리특례법

(1) 특례의 적용

① 차의 운전자가 교통사고로 인하여 형법 제268조(업무상과실·중과실 치사상)의 죄를 범한 때 : 5년 이하의 금고 또는 2천만원 이하의 벌금

② 차의 교통으로 제①항의 죄 중 업무상과실치상죄 또는 중과실치상죄와 도로교통법 제151조의 죄를 범한 운전자에 대하여는 피해자의 명시한 의사에 반하여 공소를 제기할 수 없다.

(2) 특례 적용 제외

차의 운전자가 형법 제268조의 죄중 업무상과실치상죄 또는 중과실치상죄를 범하고 피해자를 구호하는 등의 조치를 하지 아니하고 도주하거나 피해자를 사고장소로부터 옮겨 유기하고 도주한 경우와 다음에 해당하는 행위로 인하여 동 죄를 범한 때에는 특례의 적용을 받지 못한다.

① 신호·지시 위반사고

② 중앙선침범, 고속도로나 자동차전용도로에서의 횡단·유턴 또는 후진위반 사고

③ 속도위반(20km/h 초과) 과속사고

④ 앞지르기의 방법·금지시기·금지장소 또는 끼어들기 금지위반사고

⑤ 철길건널목 통과방법 위반사고

⑥ 보행자보호의무 위반사고

⑦ 무면허운전사고

⑧ 주취운전·약물복용운전 사고

⑨ 보도침범·보도횡단방법 위반사고

⑩ 승객추락방지의무 위반사고

⑪ 어린이보호구역내 안전운전의무 위반사고

⑬ 화물이 떨어지지 않도록 필요한 조치를 하지 아니하고 운전하여 발생한 사고

(3) 도주차량운전자의 가중 처벌

① 교통사고 야기 후 구호조치를 하지 않고 도주한 때

　㉠ 죽게 하거나 도주 후 사망한 때 : 무기 또는 5년 이상의 징역

　㉡ 치상한 때 : 1년 이상의 유기징역 또는 500만원 이상 3천만원 이하의 벌금

② 피해자를 사고장소로부터 옮겨 유기하고 도주한 때

　㉠ 도주 후에 피해자가 사망한 때 : 사형·무기 또는 5년 이상의 징역

　㉡ 치상한 때 : 3년 이상의 유기징역

4. 운전면허 행정처분 사항

(1) 인적피해 교통사고 결과에 따른 벌점기준

구분	벌점	내용
사망 1명마다	90	사고발생 시로부터 72시간 내에 사망한 때
중상 1명마다	15	3주 이상의 치료를 요하는 의사의 진단이 있는 사고
경상 1명마다	5	3주 미만 5일 이상의 치료를 요하는 의사의 진단이 있는 사고
부상신고 1명마다	2	5일 미만의 치료를 요하는 의사의 진단이 있는 사고
예외 사항		• 교통사고 발생원인이 불가항력이거나 피해자의 명백한 과실인 때에는 행정처분을 하지 아니함 • 차대 사람 교통사고의 경우 쌍방과실인 때에는 그 벌점을 2분의 1로 감경 • 차대 차 교통사고의 경우에는 그 사고원인 중 중한 위반행위를 한 운전자만 적용 • 교통사고로 인한 벌점산정에 있어서 처분 받을 운전자 본인의 피해에 대하여는 벌점을 산정하지 아니함

(2) 교통사고 야기 시 조치 등 불이행에 따른 벌점기준

벌점	내용
15	• 물적피해 교통사고를 야기한 후 도주한 때 • 교통사고를 일으킨 즉시(그때, 그 자리에서, 곧) 사상자를 구호하는 등 조치를 하지 아니하였으나 그 후 자진신고를 한 때
30	• 고속도로, 특별시·광역시 및 시의 관할구역과 군(광역시의 군을 제외)의 관할구역 중 경찰관서가 위치하는 리 또는 동지역에서 3시간(그 밖의 지역에서는 12시간) 이내에 자진신고를 한 때
60	• 벌점 30점 규정에 의한 시간 후 48시간 이내에 자진신고를 한 때

※ 인적 피해 사고 야기 후 사상자 구호 등의 조치불이행(도주)은 "취소"

(3) 법규 위반에 따른 행정처분(승용자동차)

위반사항	범칙금	벌점
속도위반(60km/h 초과)	120,000	60
속도위반(40km/h 초과 60km/h 이하)	90,000	30
어린이통학버스 특별보호 위반	90,000	
철길건널목 통과방법 위반	60,000	
통행구분위반(중앙선 침범에 한함)	60,000	
고속도로 · 자동차전용도로 갓길통행	60,000	
고속도로 버스전용차로 · 다인승 전용차로 통행위반	60,000	
신호 · 지시위반	60,000	15
속도위반(20km/h 초과 40km/h 이하)	60,000	
앞지르기 금지시기 및 장소위반	60,000	
운전 중 휴대용 전화 사용	60,000	
운행기록계 미설치 자동차 운전금지 등의 위반	60,000	
통행구분위반(보도침범, 보도 횡단방법 위반)	60,000	
지정 차로 통행위반(진로변경 금지장소에서의 진로변경 포함)	30,000	
일반도로 버스 전용차로 통행위반	40,000	10
일반도로 안전거리 미확보	20,000	
보행자 보호 불이행(정지선 위반 포함)	40,000	
승객 또는 승 · 하차자 추락방지조치위반	60,000	
안전운전 의무 위반(난폭운전 포함)	40,000	
노상시비 · 다툼 등으로 차마의 통행 방해행위	40,000	
좌석 안전띠 미착용	30,000	—
속도위반(20km/h 이하)	30,000	
주차위반(주차방법, 조치지시 불이행)	40,000	
적성검사 기간 경과	20,000	
택시합승 · 승차거부 행위	20,000	
부당요금 징수 행위	20,000	

(4) 범칙금의 납부

구분	내용
통고처분	범칙금을 납부할 것을 서면으로 통지하는 행정조치
범칙금	10일 이내에 납부, 부득이한 경우 사유 해소일부터 5일 이내에 납부

※ 인적 피해 사고 야기 후 사상자 구호 등의 조치불이행(도주)은 "취소

여객자동차운수사업법규 등

1. 여객자동차운수사업법의 제정 목적과 용어의 정의

(1) 목적

① 여객자동차운수사업에 관한 질서를 확립
② 여객의 원활한 운송
③ 여객자동차운수사업의 종합적인 발달을 도모
④ 공공복리 증진

(2) 용어의 정의

① 여객자동차운수사업 : 여객자동차운송사업, 자동차대여사업, 여객자동차터미널사업 및 여객자동차운송가맹사업을 말한다.
② 여객자동차운송사업 : 다른 사람의 수요에 응하여 자동차를 사용하여 유상(有償)으로 여객을 운송하는 사업을 말한다.
③ 자동차대여사업 : 다른 사람의 수요에 응하여 유상으로 자동차를 대여(貸與)하는 사업을 말한다
④ 여객자동차터미널사업 : 여객자동차터미널을 여객자동차운송사업에 사용하게 하는 사업을 말한다.
⑤ 여객자동차운송가맹사업 : 다른 사람의 요구에 응하여 소속 여객자동차 운송가맹점에 의뢰하여 여객을 운송하게 하거나 운송에 부가되는 서비스를 제공하는 사업을 말한다.

2. 여객자동차운송사업

(1) 여객자동차운송사업의 종류

① 노선여객자동차운송사업
　㉠ 자동차를 정기적으로 운행하고자 하는 구간(노선)을 정하여 여객을 운송하는 사업
　㉡ 시내버스운송사업, 시외버스운송사업, 마을버스운송사업, 농어촌버스운송사업
② 구역여객자동차운송사업
　㉠ 사업구역을 정하여 그 사업구역 안에서 여객을 운송하는 사업
　㉡ 전세버스운송사업, 특수여객자동차운송사업, 일반택시운송사업, 개인택시운송사업(소형 · 중형 · 대형 · 모범형 및 고급형)

(2) 일반택시운송사업과 개인택시운송사업

① 일반택시운송사업 : 운행계통을 정하지 아니하고 국토교통부령이 정하는 사업구역안에서 1개의 운송계약으로 국토교통부령이 정하는 자동차를 사용하여 여객을 운송하는 사업
② 개인택시운송사업 : 운행계통을 정하지 아니하고 국토교통부령이 정하는 사업구역안에서 1개의 운송계약으로 국토교통부령이 정하는 자동차 1대를 사업자의 질병 등 국토교통부령이 정하는 경우를 제외하고는 사업자가 직접 운전하여 여객을 운송하는 사업

(3) 여객자동차운송사업의 결격 사유

① 금치산자 및 한정치산자

② 파산선고를 받고 복권되지 아니한 자

③ 여객자동차운수사업법을 위반하여 징역 이상의 실형을 선고받고 그 집행이 끝나거나(집행이 끝난 것으로 보는 경우를 포함한다) 면제된 날부터 2년이 지나지 아니한 자

④ 여객자동차운수사업법을 위반하여 징역 이상의 형의 집행유예를 선고받고 그 집행유예 기간 중에 있는 자

⑤ 여객자동차운송사업의 면허나 등록이 취소된 후 그 취소일부터 2년이 지나지 아니한 자

3. 운수종사자의 자격요건 · 교육 등

(1) 사업용자동차 운전자의 자격요건

① 사업용 자동차를 운전하기에 적합한 운전면허를 보유하고 있을 것(제2종 보통운전면허 이상)

② 20세 이상으로서 운전경력이 1년 이상일 것

③ 운전적성 정밀검사(교통안전공단 시행) 기준에 적합할 것

④ 여객자동차운수사업법상의 택시운전자격 취득 제한사유에 해당하지 않는 자

(2) 운전적성정밀 검사

① 신규검사 대상자

ㄱ 신규로 여객자동차 운송사업용 자동차를 운전하려는 자

ㄴ 여객자동차 운송사업용 자동차 또는 화물자동차 운수사업법에 따른 화물자동차 운송사업용 자동차의 운전업무에 종사하다가 퇴직한 자로서 신규검사를 받을 날부터 3년이 지난 후 재취업하려는 자(다만, 재취업일까지 무사고로 운전한 자는 제외)

ㄷ 신규검사의 적합판정을 받은 자로서 운전적성정밀검사를 받은 날부터 3년 이내에 취업하지 아니한 자

② 특별검사 대상자

ㄱ 중상 이상의 사상(死傷)사고를 일으킨 자

ㄴ 과거 1년간 운전면허 행정처분기준에 따라 계산한 누산점수가 81점 이상인 자

ㄷ 질병, 과로, 그 밖의 사유로 안전운전을 할 수 없다고 인정되는 자인지 알기 위하여 운송사업자가 신청한 자

(3) 운전자격을 취득할 수 없는 사람

① 다음 각 목의 어느 하나에 해당하는 죄를 범하여 금고(禁錮) 이상의 실형을 선고받고 그 집행이 끝나거나 면제된 날부터 최대 20년의 범위에서 범죄의 종류 · 죄질, 형기 등을 고려하여 다음 각 목의 기간이 지나지 아니한 사람

ㄱ 「특정강력범죄의 처벌에 관한 특례법」 제2조 제1항 각 호에 따른 죄 : 20년

ㄴ 「특정범죄 가중처벌 등에 관한 법률」 제5조의 2부터 제5조의 5까지, 제5조의 9 제1항부터 제3항까지 및 제11조에 따른 죄 : 20년

ㄷ 「특정범죄 가중처벌 등에 관한 법률」 제5조의 9 제4항에 따른 죄 : 6년

ㄹ 「마약류 관리에 관한 법률」 제58조부터 제60조까지에 따른 죄 : 20년

ㅁ 「마약류 관리에 관한 법률」 제61조 제1항 각 호에 따른 죄 및 같은 조 제3항에 따른 그 각 미수죄(같은 조 제1항

제2호, 제3호 및 제8호의 미수범은 제외한다) : 10년

ㅂ 「마약류 관리에 관한 법률」 제61조 제2항에 따른 죄 및 같은 조 제3항에 따른 그 각 미수죄(같은 조 제1항 제2호, 제3호 및 제8호의 미수범은 제외한다) : 15년

ㅅ 「마약류 관리에 관한 법률」 제62조 제1항 각 호에 따른 죄 및 같은 조 제3항에 따른 그 각 미수죄 : 6년

ㅇ 「마약류 관리에 관한 법률」 제62조 제2항에 따른 죄 및 같은 조 제3항에 따른 그 각 미수죄 : 9년

ㅈ 「마약류 관리에 관한 법률」 제63조 제1항 각 호에 따른 죄 및 같은 조 제3항에 따른 그 각 미수죄(같은 조 제1항 제2호부터 제5호까지, 제11호 및 제12호에 따른 죄의 미수범으로 한정한다) : 4년

ㅊ 「마약류 관리에 관한 법률」 제63조 제2항에 따른 죄 및 같은 조 제3항에 따른 그 각 미수죄(같은 조 제2항에 따른 죄의 미수범으로 한정한다) : 6년

ㅋ 「마약류 관리에 관한 법률」 제64조 각 호에 따른 죄 : 2년

ㅌ 「형법」 제332조(제329조의 상습범으로 한정한다)에 따른 죄 및 그 미수죄 : 18년

ㅍ 「형법」 제332조(제33조 및 제331조의 상습범으로 한정한다), 제341조에 따른 죄 및 그 각 미수죄, 제363조에 따른 죄 : 20년

② 「성폭력범죄의 처벌 등에 관한 특례법」 제2조 제1항 제2호부터 제4호까지, 제3조부터 제9조까지 및 제15조(제13조의 미수범은 제외한다)에 따른 죄 : 20년

③ 「아동 · 청소년의 성보호에 관한 법률」 제2조 제2호에 따른 죄 : 20년

(4) 운수종사자의 교육

① 운송사업자는 새로 채용한 운수종사자(사업용 자동차를 운전하다가 퇴직한 후 2년 이내에 다시 채용된 자는 제외)에 대하여는 운전업무를 시작하기 전에 다음의 사항에 관한 교육을 16시간 이상 받게 하여야 한다.

ㄱ 여객자동차 운수사업 관계 법령 및 도로교통 관계 법령

ㄴ 서비스의 자세 및 운송질서의 확립

ㄷ 교통안전수칙

ㄹ 응급처치의 방법

ㅁ 그밖에 운전업무에 필요한 사항

② 운송사업자는 국토교통부장관 또는 시 · 도지사가 국제행사 등에 대비하여 운송질서의 확립, 안전운행 및 서비스 개선 등을 위하여 필요하다고 인정하면 운수종사자에게 필요한 교육을 받게 하여야 한다.

③ 운수종사자에 대한 교육은 운수종사자 연수기관 또는 조합이 한다. 다만, 시 · 도지사가 인정할 때에는 해당 운송사업자가 직접 교육을 할 수 있다.

④ 교육실시기관은 교육을 하였을 때에는 운수종사자 교육카드에 "교육이수"의 확인 도장을 찍어 운수종사자에게 내주어야 한다.

⑤ 운송사업자는 그의 운수종사자에 대한 교육계획의 수립, 교육의 시행 및 일상의 교육훈련업무를 위하여 종업원 중에서 교육훈련 담당자를 선임하여야 한다. 다만, 자동차 면허 대수가 20대 미만인 운송사업자의 경우에는 교육훈련 담당자를 선임하지 아니 할 수 있다.

⑥ 교육실시기관은 매년 11월 말까지 조합과 협의하여 다음 해의 교육계획을 수립하여 시·도지사 및 조합에 보고하거나 통보하여야 하며, 그 해의 교육결과를 다음 해 1월 말까지 시·도지사 및 조합에 보고하거나 통보하여야 한다.

⑦ 새로 채용된 운수종사자가 교통안전법 시행규칙에 따른 심화교육과정을 이수한 경우에는 교육을 받은 것으로 본다.

4. 택시운전자격시험 및 자격증명의 관리

(1) 택시운전자격 및 시험과목 등

① 일반택시운송사업 및 개인택시운송사업의 운전업무에 종사할 수 있는 자격을 취득하려는 자는 전국택시운송사업조합연합회가 시행하는 시험에 합격하여야 한다.

② 자격시험의 방법 : 필기시험

③ 시험과목 : 교통과 운수관련 법규, 안전운행 및 지리에 관한 사항, 운송서비스

④ 합격자 결정 : 필기시험 총점의 6할 이상을 얻을 것

(2) 운전자격시험의 응시

① 운전자격시험에 응시하려는 사람은 택시운전 자격시험 응시원서(전자문서를 포함)에 다음 각 호의 서류를 첨부하여 해당 시험시행기관에 제출하여야 한다. 이 경우 교통안전공단은 전자정부법의 관련 조항에 따른 행정정보의 공동이용을 통하여 다음 각 호의 사항을 확인하여야 한다.
  ㉠ 운전면허증
  ㉡ 운전경력증명서
  ㉢ 운전적성 정밀검사 수검사실증명서

② 법 규정에 따라 택시운전자격이 취소된 날부터 1년이 지나지 아니한 자는 운전자격시험에 응시할 수 없다. 다만, 도로교통법에 따른 정기적성검사를 받지 아니하였다는 이유로 운전면허가 취소되어 운전자격이 취소된 경우에는 그러하지 아니하다.

(3) 운전자격시험의 특례

① 택시연합회는 다음 각 호의 어느 하나에 해당하는 자에 대하여는 필기시험의 과목 중 안전운행 요령 및 운송서비스의 과목에 관한 시험을 면제할 수 있다.
  ㉠ 택시운전자격을 취득한 자가 택시운전자격증명을 발급한 일반택시운송사업조합의 관할구역 밖의 지역에서 택시운전업무에 종사하려고 운전자격시험에 다시 응시하는 자
  ㉡ 운전자격시험일부터 계산하여 과거 4년간 사업용 자동차를 3년 이상 무사고로 운전한 자
  ㉢ 도로교통법의 관련 규정에 따른 무사고운전자 또는 유공운전자의 표시장을 받은 자

② 위 ①항에 따라 필기시험의 일부를 면제받으려는 자는 택시운전 자격시험 응시원서에 이를 증명할 수 있는 서류를 첨부하여 택시연합회에 제출하여야 한다.

(4) 택시운전자격증명의 관리

① 일반택시운송사업용 자동차 또는 개인택시운송사업용 자동차의 운전업무에 종사하는 자(대리운전자를 포함)는 사업용 자동차 안에 운전업무에 종사하는 자의 택시운전자격증명을 항상 게시하여야 한다.

② 일반택시운송사업용 자동차의 운전업무에 종사하는 자가 퇴직하면 택시운전자격증명을 해당 운송사업자에게 반납하여야 하며, 운송사업자는 해당 운전자격증명 발급기관에 이를 지체 없이 제출하여야 한다.

③ 관할관청은 일반택시운송사업자 또는 개인택시운송사업자에게 다음의 어느 하나에 해당하는 사유가 생긴 경우에는 택시운전자격증명을 회수하여 폐기한 후 그 사실을 지체 없이 해당 조합에 통보하여야 한다.
  ㉠ 대리운전을 시킨 자의 대리운전이 끝난 경우에는 그 대리운전자(개인택시운송사업자만 해당)
  ㉡ 사업의 양도·양수인가를 받은 경우에는 그 양도자
  ㉢ 사업을 폐업한 경우에는 그 폐업허가를 받은 자
  ㉣ 택시운전자격이 취소된 경우에는 그 취소처분을 받은 자

5. 택시운송사업 관련 사항

(1) 택시운송사업의 구분

① 경형 : 배기량 1,000cc 미만의 승용자동차(승차정원 5인승 이하의 것만 해당한다)를 사용하는 택시운송사업

② 소형 : 배기량 1,600cc 미만의 승용자동차(승차정원 5인승 이하의 것만 해당한다)를 사용하는 택시운송사업

③ 중형 : 배기량 1,600cc 이상의 승용자동차(승차정원 5인승 이하의 것만 해당한다)를 사용하는 택시운송사업

④ 대형 : 배기량 2,000cc 이상의 승용자동차(승차정원 6인승 이상 10인승 이하의 것만 해당한다)를 사용하는 택시운송사업

⑤ 모범형 : 배기량 1,900cc 이상의 승용자동차(승차정원 5인승 이하의 것만 해당한다)를 사용하는 택시운송사업

⑥ 고급형 : 배기량 2,800cc 이상의 승용자동차를 사용하는 택시운송사업

(2) 택시운송사업의 사업구역

① 일반택시운송사업 및 개인택시운송사업의 사업구역은 특별시·광역시 또는 시·군 단위로 한다.

② 시·도지사는 제①항에도 불구하고 지역주민의 편의를 위하여 필요하다고 인정하면 지역 여건에 따라 사업구역을 별도로 정할 수 있다. 이 경우 시·도지사 별도로 정하려는 사업구역이 그 시·도지사 관할 범위를 벗어나는 경우에는 관련 시·도지사와 협의하여야 한다.

③ 시·도지사가 제②항에 따라 사업구역을 별도로 정한 경우 그전에 택시운송사업자의 면허를 받은 자의 사업구역은 새로 별도로 정한 구역으로 한다.

④ 택시운송사업자가 다음의 어느 하나에 해당하는 영업을 하는 경우에는 해당 사업구역에서 하는 영업으로 본다.
  ㉠ 해당 사업구역에서 승객을 태우고 사업구역 밖으로 운행하는 영업
  ㉡ 해당 사업구역에서 승객을 태우고 사업구역 밖으로 운행한 후 해당 사업구역으로 돌아오는 도중에 사업구역 밖에서 하는 일시적인 영업

(3) 택시운송사업용 자동차에 표시하여야 하는 사항

① 자동차의 종류("경형", "소형", "중형", "대형", "모범", "고급")

② 호출번호(모범택시, 대형택시 및 고급형택시에 해당)

③ 관할관청(특별시 및 광역시는 제외)
④ 여객자동차운송가맹사업자 상호(여객자동차 운송가맹점으로 가입한 개인택시운송사업자만 해당)
⑤ 그밖에 시ㆍ도지사가 정하는 사항

(4) 운수종사자의 현황통보

① 운송사업자(개인택시운송사업의 경우는 제외)는 운수종사자의 현황을 운수종사자 신규채용ㆍ퇴직 현황 통보서(전자문서를 포함)에 작성하여 다음 달 10일까지 시ㆍ도지사에게 통보하여야 한다. 이 경우 조합은 소속 운송사업자를 대신하여 소속 운송사업자의 운수종사자 현황을 취합ㆍ통보할 수 있다.

② 시ㆍ도지사는 제①항에 따라 통보 받은 운수종사자 현황을 취합하여 교통안전공단에 통보하여야 한다. 이 경우 시ㆍ도지사는 소관 개인택시운송사업의 면허 현황을 개인택시운송사업 면허 현황 통보서(전자문서를 포함)에 작성하여 함께 통보하여야 한다.

(5) 택시의 장치 및 설비 등에 관한 운송사업자 준수사항

① 택시의 안에는 여객이 쉽게 볼 수 있는 위치에 요금미터기를 설치해야 한다.
② 모범택시, 대형택시 및 고급형택시에는 요금영수증 발급과 신용카드 결제가 가능하도록 관련기기를 설치해야 한다.
③ 택시 안에는 난방장치 및 냉방장치를 설치해야 한다.
④ 택시 윗부분에는 택시임을 표시하는 설비를 설치하고, 빈차로 운행 중일 때에는 외부에서 빈차임을 알 수 있도록 하는 조명장치가 자동으로 작동되는 설비를 갖춰야 한다.(단, 고급형 택시는 승객의 요구에 따라 택시의 윗부분에 택시임을 표시하는 설비를 부착하지 않고 운행할 수 있음)
⑤ 모범택시, 대형택시 및 고급형택시에는 호출설비를 갖추어야 한다.
⑥ 택시운송사업자는 택시 미터기에서 생성되는 택시운송사업용 자동차운행정보의 수집ㆍ저장 장치 및 정보의 조작을 막을 수 있는 장치를 갖추어야 한다.
⑦ 그밖에 국토교통부장관이나 시ㆍ도지사가 지시하는 설비를 갖춰야 한다.

(6) 택시의 차령과 그 연장조건

① 여객자동차 운수사업에 사용되는 자동차의 운행연한(차령)은 다음과 같다.

사업의 구분	차령
개인택시(경형ㆍ소형)	5년
개인택시(배기량 2,400cc 미만)	7년
개인택시(배기량 2,400cc 이상)	9년
일반택시(경형ㆍ소형)	3년 6개월
일반택시(배기량 2,400cc 미만)	4년
일반택시(배기량 2,400cc 이상)	6년

② 위 표에서 정한 차령 기간이 만료되기 전 2개월 이내 및 연장된 차령기간에 승용자동차는 1년마다 자동차관리법에 따른 임시검사를 받아 검사기준에 적합할 것, 다만 개인택시운송사업용 자동차의 차령 연장을 위한 임시검사는 자동차관리법에 따른 정기검사로 대체할 수 있다.

6. 택시운전자격의 취소 등의 처분기준

(1) 일반기준

① 위반행위가 둘 이상인 경우로서 그에 해당하는 각각의 처분기준이 다른 경우에는 그 중 무거운 처분기준에 따른다. 다만, 둘 이상의 처분기준이 모두 자격정지인 경우에는 각 처분기준을 합산한 기간을 넘지 아니하는 범위에서 무거운 처분기준의 2분의 1 범위에서 가중할 수 있다. 이 경우 그 가중한 기간을 합산한 기간은 6개월을 초과할 수 없다.

② 위반행위의 횟수에 따른 행정처분의 기준은 최근 1년간 같은 위반행위로 행정처분을 받은 경우에 해당한다. 이 경우 행정처분의 기준의 적용은 같은 위반행위에 대하여 최초로 행정처분을 한 날을 기준으로 한다.

③ 처분관할관청은 자격정지처분을 받은 사람에 다음의 어느 하나에 해당하는 경우에는 처분을 2분의 1의 범위에서 가중하거나 감경할 수 있다. 이 경우 가중하는 경우에도 그 가중된 기간은 6개월을 초과할 수 없다.

㉠ 가중사유
• 위반행위가 사소한 부주의나 오류가 아닌 고의나 중대한 과실에 의한 것으로 인정되는 경우
• 위반의 내용정도가 중대하여 이용객에게 미치는 피해가 크다고 인정되는 경우

㉡ 감경사유
• 위반행위가 고의나 중대한 과실이 아닌 사소한 부주의나 오류로 인한 것으로 인정되는 경우
• 위반의 내용정도가 경미하여 이용객에게 미치는 피해가 적다고 인정되는 경우
• 위반행위를 한 사람이 처음 해당 위반행위를 한 경우로서, 5년 이상 택시운송사업의 운수종사자로서 모범적으로 근무해 온 사실이 인정되는 경우
• 그밖에 여객자동차운수사업에 대한 정부 정책상 필요하다고 인정되는 경우

④ 처분관할관청은 자격정지처분을 받은 사람이 정당한 사유 없이 기일 내에 택시운전자격증을 반납하지 아니할 때에는 해당 처분을 2분의 1의 범위에서 가중하여 처분하고, 가중처분을 받은 사람이 기일 내에 택시운전자격증을 반납하지 아니할때에는 자격취 소처분을 한다.

(2) 개별기준

위반사항	처분기준	
	1차 위반	2차 위반 이상
①택시운전자격의 결격사유에 해당하게 된 경우	자격취소	–
②부정한 방법으로 택시운전자격을 취득한 경우	자격취소	–
③특정강력범죄 및 마약류관리에 관한 법률을 위반하여 금고 이상의 형을 받은 경우	자격취소	–
④다음의 어느 하나에 해당하는 행위로 과태료 처분을 받은 사람이 1년 이내에 같은 위반행위를 한 경우 ㉠정당한 이유 없이 여객의 승차를 거부하거나 여객을 중도에서 내리게 하는 행위 ㉡신고하지 않거나 미터기에 의하지 않은 부당한 요금을 요구하거나 받는 행위 ㉢일정한 장소에서 장시간 정차하여 여객을 유치하는 행위	경고	자격정지 30일

⑤ ④의 ㉠부터 ㉢까지의 어느 하나에 해당하는 행위로 1년간 세 번의 과태료 또는 자격정지 처분을 받은사람이 같은④의 ㉠부터 ㉢까지의 어느 하나에 해당하는 위반행위를 한 경우	자격취소	–	
⑥ 운송수입금 전액을 내지 아니하여 과태료처분을 받은 사람이 그 과태료처분을 받은 날부터 1년 이내에 같은 위반행위를 세 번 한 경우	자격정지 20일	자격정지 20일	
⑦ 운송수입금 전액을 내지 아니하여 과태료처분을 받은 사람이 그 과태료처분을 받은 날부터 1년 이내에 같은 위반행위를 네 번 이상 한 경우	자격정지 50일	자격정지 50일	
⑧ 중대한 교통사고로 다음의 어느 하나에 해당하는 수의 사상자를 발생하게 한 경우 ㉠사망자 2명 이상 ㉡사망자 1명 및 중상자 3명 이상 ㉢중상자 6명 이상	자격정지 60일 자격정지 50일 자격정지 40일	자격정지 60일 자격정지 50일 자격정지 40일	
⑨ 교통사고와 관련하여 거짓이나 그 밖의 부정한 방법으로 보험금을 청구하여 금고 이상의 형을 선고받고 그 형이 확정된 경우	자격취소	–	
⑩ 택시운전자격증을 타인에게 대여한 경우	자격취소	–	
⑪ 개인택시운송사업자가 불법으로 타인으로 하여금 대리운전을 하게 한 경우	자격정지 60일	면허취소	
⑫ 택시운전자격정지의 처분기간 중에 택시운전업무에 종사한 경우	자격취소	–	
⑬ 도로교통법 위반으로 사업용 자동차를 운전할 수 있는 운전면허가 취소된 경우	자격취소	–	
⑭ 택시운전자격증명을 자동차 안에 게시하지 않고 운전업무에 종사한 경우	자격정지 5일	자격정지 5일	
⑮ 정당한 사유 없이 운수종사자의 교육과정을 마치지 않은 경우	자격정지 5일	자격정지 5일	

7. 위반행위의 종류와 과징금 액수

(1) 과징금의 부과 및 사용용도

① 국토교통부장관 또는 시·도지사는 여객자동차 운수사업자가 법을 위반하여 사업정지 처분을 하여야 하는 경우에 그 사업정지 처분이 그 여객자동차 운수사업을 이용하는 사람들에게 심한 불편을 주거나 공익을 해칠 우려가 있는 때에는 그 사업정지 처분을 갈음하여 5천만원 이하의 과징금을 부과·징수 할 수 있다.

② 국토교통부장관 또는 시·도지사는 과징금 부과 처분을 받은 자가 과징금을 기한 내에 내지 아니하는 경우 국세 또는 지방세 체납처분의 예에 따라 징수한다.

③ 징수한 과징금은 다음 각 호 외의 용도로는 사용할 수 없다.
- ㉠ 벽지노선이나 그 밖에 수익성이 없는 노선으로서 대통령령으로 정하는 노선을 운행하여서 생긴 손실의 보전(補塡)
- ㉡ 운수종사자의 양성, 교육훈련, 그 밖의 자질 향상을 위한 시설과 운수종사자에 대한 지도 업무를 수행하기 위한 시설의 건설 및 운영
- ㉢ 지방자치단체가 설치하는 터미널을 건설하는 데에 필요한 자금의 지원
- ㉣ 터미널 시설의 정비·확충
- ㉤ 여객자동차 운수사업의 경영 개선이나 그밖에 여객자동차 운수사업의 발전을 위하여 필요한 사업
- ㉥ 앞의 ㉠항부터 ㉤항까지의 규정 중 어느 하나의 목적을 위한 보조나 융자

㉦ 이 법을 위반하는 행위를 예방 또는 근절하기 위하여 지방자치단체가 추진하는 사업

(2) 위반행위에 따른 과징금의 액수

구분	위반내용	과징금의 액수 (단위 : 만원)	
		일반택시	개인택시
면허 또는 등록 등	관할 관청이 면허 시 붙인 조건을 위반 한 경우	180	180
	면허를 받거나 등록한 업종의 범위를 벗어나 영업행위를 한 경우	180	180
	면허를 받은 사업구역 외의 행정구역에서 영업을 한 경우	40	40
	한정면허를 받은 사업자가 면허를 받은 업무 범위 또는 면허기간을 위반하여 운행한 경우	180	180
	면허를 받거나 등록한 차고를 이용하지 아니하고 차고지가 아닌 곳에서 밤샘주차를 한 경우	10	10
	신고를 하지 아니하거나 거짓으로 신고를 하고 개인택시를 대리운전하게 한 경우	–	120
운송부대 시설	면허기준 또는 등록기준을 위반하여 운수종사자를 위한 휴게실 등 부대시설을 갖추지 아니하거나 유지하지 아니한 경우	90	–
운임 및 요금	운임 및 요금에 대한 신고를 하지 아니하고 운송을 하거나 그 밖의 영업을 개시한 경우	40	20
	미터기를 부착하지 아니하거나 사용하지 아니하고 여객을 운송한 경우(구간운임제 시행지역은 제외)	40	40
운송약관	운송약관의 신고 또는 변경신고를 하지 아니한 경우	100	50
	신고한 운송약관을 이행하지 아니한 경우	60	30
사업계획 변경 등	인가를 받지 아니하거나 등록 또는 신고를 하지 아니하고 주사무소(1인 사업자 제외)영업소정류소 또는 차고를 신설이전하거나 사업계획변경의 등록이나 신고를 하지 아니하고 주사무소나 영업소별 차량대수를 임의로 변경한 경우	100	50
	노후차의 대체 등 자동차의 변경으로 인한 자동차 말소등록 이후 6개월 이내에 자동차를 충당하지 못한 경우. 다만, 부득이한 사유로 자동차의 공급이 현저히 곤란한 경우는 제외	120	120
	그 밖의 사업계획의 내용을 위반한 경우	10	10
사업관리 위탁	신고를 하지 아니하고 여객자동차운송사업의 관리를 위탁하거나 허가를 받지 아니하고 자동차대여사업의 관리를 위탁한 경우	360	–
사업의 양도·양수 및 법인의 합병	신고를 하지 아니하고 사업을 양도하거나 양수한 경우	360	–
	신고를 하지 아니하고 법인인 여객자동차운송사업자 또는 자동차대여사업자가 법인을 합병한 경우	360	–
자동차의 표시	자동차의 바깥쪽에 운송사업자의 명칭, 기호, 그 밖에 국토교통부령으로 정하는 사항을 표시하지 아니한 경우	10	10
사고시의 조치	사업용 자동차의 전복·추락·화재 또는 철도차량과의 충돌사고	25	25
	2명 이상의 사망자 발생사고	25	25
	사망자 1명 및 3명 이상의 중상자 발생사고	15	15
	6명 이상의 중상자 발생사고	10	10

구분	위반내용	과징금의 액수 (단위 : 만원)	
		일반택시	개인택시
운송시설 및 여객의 안전확보	자동차 안에 게시하여야 할 사항을 게시하지 아니한 경우	20	20
	정류소에서 주차 또는 정차 질서를 문란하게 한 경우	20	20
	속도제한장치 또는 운행기록계가 정상적으로 작동되지 아니하는 상태에서 자동차를 운행한 경우	20	20
	차실에 냉방·난방장치를 설치하여야 할 자동차에 이를 설치하지 아니하고 여객을 운송한 경우	60	60
	그 밖의 설비기준에 적합하지 아니한 자동차를 이용하여 운송한 경우	20	20
	운행하기 전에 점검 및 확인을 하지 아니한 경우	10	10
	차량 정비, 운전자의 과로 방지 및 정기적인 차량 운행 금지 등 안전수송을 위한 명령을 위반하여 운행한 경우	20	20
사업개선 명령 등	사업개선명령 또는 운행명령을 이행하지 아니한 경우	120	120
운전자의 자격요건 등	택시운송사업자가 차내에 택시운전자격 증명을 항상 게시하지 아니한 경우	10	10
	운수종사자의 자격요건을 갖추지 아니한 사람을 운전업무에 종사하게 한 경우	180	180
	운수종사자의 교육에 필요한 조치를 하지 아니한 경우	30	–
보고·검사	지정된 기일 내에 보고 또는 서류 제출의 명령을 이행하지 아니한 경우	20	10
	장부서류와 그 밖의 물건의 검사를 거부방해 또는 기피한 경우	60	30
	질문에 응하지 아니하거나 거짓으로 진술을 한 경우	40	20
차령 초과	여객자동차 운수사업에 사용되는 자동차가 차령을 초과하여 운행한 경우	180	180
중대한 교통사고	1건의 교통사고로 발생한 사망자 수가 8명이상 9명 이하인 경우	800	800
	1건의 교통사고로 발생한 사망자 수가 5명이상 7명 이하인 경우	400	400
	1건의 교통사고로 발생한 사망자 수가 2명이상 4명 이하인 경우	200	200
	1건의 교통사고로 발생한 중상자 수가 10명이상 19명 이하인 경우	400	400
	1건의 교통사고로 발생한 중상자 수가 6명이상 9명 이하인 경우	200	200

8. 과태료의 부과기준

(1) 일반기준

① 하나의 행위가 둘 이상의 위반행위에 해당하는 경우에는 그 중 무거운 과태료의 부과기준에 따른다.

② 위반행위의 횟수에 따른 과태료 부과기준은 최근 1년간 같은 위반행위로 과태료처분을 받은 경우에 적용한다. 이 경우 위반횟수별 부과기준의 적용일은 위반행위에 대한 과태료처분일과 그 처분 후 다시 적발된 날로 한다.

③ 부과권자는 다음의 어느 하나에 해당하는 경우에는 위 ②항에 따른 과태료 금액의 2분의 1의 범위에서 그 금액을 줄일 수 있다. 다만, 과태료를 체납하고 있는 위반행위자의 경우

에는 그러하지 아니하다.

㉠ 위반행위자가 질서위반행위규제법 시행령에 따른 감경의 조건에 해당하는 경우

㉡ 위반행위가 사소한 부주의나 오류로 인한 것으로 인정되는 경우

㉢ 위반행위자가 법 위반상태를 시정하거나 해소하기 위하여 노력한 것으로 인정되는 경우

㉣ 그 밖에 위반행위의 정도, 위반행위의 동기와 그 결과 등을 고려하여 줄일 필요가 있다고 인정되는 경우

④ 부과권자는 다음의 어느 하나에 해당하는 경우에는 위 ②항에 따른 과태료 금액의 2분의 1의 범위에서 늘릴 수 있다. 다만, 법에 따른 과태료 금액의 상한을 넘을 수 없다.

㉠ 위반의 내용·정도가 중대하여 이용객 등에게 미치는 피해가 크다고 인정되는 경우

㉡ 최근 1년간 같은 위반행위로 과태료 부과처분을 3회를 초과하여 받은 경우

㉢ 그 밖에 위반행위의 정도, 위반행위의 동기와 그 결과 등을 고려하여 늘릴 필요가 있다고 인정되는 경우

(2) 개별기준(주요 사항 요약)

위반행위	과태료 금액(만원)		
	1회	2회	3회 이상
운임·요금을 신고하지 않은 경우	500	750	1,000
어린아이의 운임을 받은 경우	5	10	10
사업용 자동차의 표시를 하지 않은 경우	10	15	20
법에 따른 사고 시의 조치 또는 보고를 하지 않거나 거짓 보고를 한 경우 ① 천재지변이나 교통사고로 여객이 죽거나 다쳤을 때 법령에 따른 유류품 관리와 대체 운송수단 확보 등의 필요한 조치를 하지 않은 경우	50	75	100
② 중대한 교통사고가 발생했을 때 국토교통부장관 또는 시도 지사에게 법령에 따른 보고를 하지 않거나 거짓 보고를 한경우	20	30	50
좌석안전띠가 정상적으로 작동될 수 있는 상태를 유지하지 않은 경우	20	30	50
운수종사자에게 여객의 좌석안전띠 착용에 관한 교육을 실시하지 않은 경우	20	30	50
정당한 사유없이 교통안전정보의 제공을 거부하거나 거짓의 정보를 제공한 경우	20	30	50
운수종사자로부터 운송수익금의 전액을 납부 받지 않은 경우	500	1,000	1,000
운수종사자 취업현황을 알리지 않은 경우	50	75	100
운수종사자의 요건을 갖추지 않고 여객자동차운송사업의 운전업무에 종사한 경우	50	50	50
다음의 어느 하나에 해당하는 경우 ① 정당한 사유 없이 여객의 승차를 거부하거나 여객을 중도에서 내리게 하는 행위 ② 부당한 운임 또는 요금을 받는 행위 ③ 일정한 장소에 오랜 시간 정차하여 여객을 유치(誘致)하는 행위 ④ 문을 완전히 닫지 아니한 상태에서 자동차를 출발시키거나 운행하는 행위	20	40	60
다음의 어느 하나에 해당하는 경우 ① 여객이 승하차하기 전에 자동차를 출발시키거나 승하차할 여객이 있는데도 정차하지 아니하고 정류소를 지나치는 행위 ② 안내방송을 하지 아니하는 행위(국토교통부령으로 정하는 자동차 안내방송 시설이 설치되어 있는 경우만 해당한다)	10	10	10

위반사항			
③여객자동차운송사업용 자동차 안에서 흡연하는 행위			
④그 밖에 안전운행과 여객의 편의를 위하여 운수종사자가 지키도록 국토교통부령으로 정하는 사항을 위반하는 행위	10	10	10
운수종사자가 운송수입금 전액을 운송사업자에게 내지 않은 경우	50	50	50

 택시운송사업의 발전에 관한 법률

(3) 법규 위반에 따른 행정처분(승용자동차)

위반사항	범칙금	벌점
속도위반(60km/h 초과)	120,000	60
속도위반(40km/h 초과 60km/h 이하)	90,000	
어린이통학버스 특별보호 위반	90,000	
철길건널목 통과방법 위반	60,000	30
통행구분위반(중앙선 침범에 한함)	60,000	
고속도로 · 자동차전용도로 갓길통행	60,000	
고속도로 버스전용차로 · 다인승 전용차로 통행위반	60,000	
신호 · 지시위반	60,000	
속도위반(20km/h 초과 40km/h 이하)	60,000	
앞지르기 금지시기 및 장소위반	60,000	15
운전 중 휴대용 전화 사용	60,000	
운행기록계 미설치 자동차 운전금지 등의 위반	60,000	
통행구분위반(보도침범, 보도 횡단방법 위반)	60,000	
지정 차로 통행위반(진로변경 금지장소에서의 진로변경 포함)	30,000	
일반도로 버스 전용차로 통행위반	40,000	
일반도로 안전거리 미확보	20,000	10
보행자 보호 불이행(정지선 위반 포함)	40,000	
승객 또는 승 · 하차자 추락방지조치위반	60,000	
안전운전 의무 위반(난폭운전 포함)	40,000	
노상시비 · 다툼 등으로 차마의 통행 방해행위	40,000	
좌석 안전띠 미착용	30,000	
속도위반(20km/h 이하)	30,000	
주차위반(주차방법, 조치지시 불이행)	40,000	—
적성검사 기간 경과	20,000	
택시합승 · 승차거부 행위	20,000	
부당요금 징수 행위	20,000	

(4) 범칙금의 납부

구분	내용
통고처분	범칙금을 납부할 것을 서면으로 통지하는 행정조치
범칙금	10일 이내에 납부, 부득이한 경우 사유 해소일부터 5일 이내에 납부

※ 인적 피해 사고 야기 후 사상자 구호 등의 조치불이행(도주)은 "취소

 여객자동차운수사업법규 등

1. 여객자동차운수사업법의 제정 목적과 용어의 정의

(1) 목적
① 여객자동차운수사업에 관한 질서를 확립
② 여객의 원활한 운송
③ 여객자동차운수사업의 종합적인 발달을 도모
④ 공공복리 증진

(2) 용어의 정의
① 여객자동차운수사업 : 여객자동차운송사업, 자동차대여사업, 여객자동차터미널사업 및 여객자동차운송가맹사업을 말한다.
② 여객자동차운송사업 : 다른 사람의 수요에 응하여 자동차를 사용하여 유상(有償)으로 여객을 운송하는 사업을 말한다.
③ 자동차대여사업 : 다른 사람의 수요에 응하여 유상으로 자동차를 대여(貸與)하는 사업을 말한다
④ 여객자동차터미널사업 : 여객자동차터미널을 여객자동차운송사업에 사용하게 하는 사업을 말한다.
⑤ 여객자동차운송가맹사업 : 다른 사람의 요구에 응하여 소속 여객자동차 운송가맹점에 의뢰하여 여객을 운송하게 하거나 운송에 부가되는 서비스를 제공하는 사업을 말한다.

2. 여객자동차운송사업

(1) 여객자동차운송사업의 종류
① 노선여객자동차운송사업
ㄱ 자동차를 정기적으로 운행하고자 하는 구간(노선)을 정하여 여객을 운송하는 사업
ㄴ 시내버스운송사업, 시외버스운송사업, 마을버스운송사업, 농어촌버스운송사업
② 구역여객자동차운송사업
ㄱ 사업구역을 정하여 그 사업구역 안에서 여객을 운송하는 사업
ㄴ 전세버스운송사업, 특수여객자동차운송사업, 일반택시운송사업, 개인택시운송사업(소형 · 중형 · 대형 · 모범형 및 고급형)

(2) 일반택시운송사업과 개인택시운송사업
① 일반택시운송사업 : 운행계통을 정하지 아니하고 국토교통부령이 정하는 사업구역안에서 1개의 운송계약으로 국토교통부령이 정하는 자동차를 사용하여 여객을 운송하는 사업
② 개인택시운송사업 : 운행계통을 정하지 아니하고 국토교통부령이 정하는 사업구역안에서 1개의 운송계약으로 국토교통부령이 정하는 자동차 1대를 사업자의 질병 등 국토교통부령이 정하는 경우를 제외하고는 사업자가 직접 운전하여 여객을 운송하는 사업

위의 ①, ②와 관련된 내용(잘린 상단 우측 박스):

사항
ㅅ 그 밖에 택시운송사업에 관한 중요한 사항으로서 위원장이 회의에 부치는 사항
③ 위원회는 위원장 1명을 포함한 10명 이내의 위원으로 구성한다.
④ 위원회의 위원은 택시운송사업에 관하여 학식과 경험이 풍부한 전문가 중에서 국토교통부장관이 위촉한다.
⑤ 이 법에서 규정한 사항 외에 위원회의 구성 · 운영 등에 관

(3) 여객자동차운송사업의 결격 사유

① 금치산자 및 한정치산자
② 파산선고를 받고 복권되지 아니한 자
③ 여객자동차운수사업법을 위반하여 징역 이상의 실형을 선고받고 그 집행이 끝나거나(집행이 끝난 것으로 보는 경우를 포함한다) 면제된 날부터 2년이 지나지 아니한 자
④ 여객자동차운수사업법을 위반하여 징역 이상의 형의 집행

제2호, 제3호 및 제8호의 미수범은 제외한다) : 10년
ⓑ 「마약류 관리에 관한 법률」 제61조 제2항에 따른 죄 및 같은 조 제3항에 따른 그 각 미수죄(같은 조 제1항 제2호, 제3호 및 제8호의 미수범은 제외한다) : 15년
ⓢ 「마약류 관리에 관한 법률」 제62조 제1항 각 호에 따른 죄 및 같은 조 제3항에 따른 그 각 미수죄 : 6년
ⓞ 「마약류 관리에 관한 법률」 제62조 제2항에 따른 죄 및 미

출제 예상 문제

01 도로교통법의 목적을 가장 올바르게 설명한 것은?

① 교통사고의 방지와 국민 생활의 편익을 증진함에 있다.
② 자동차의 등록, 점검, 안전기준에 관한 법을 말한다.
③ 도로에서 일어나는 교통상의 모든 위협과 장해의 방지와 제거 및 원활한 교통을 확보하는 데 있다.
④ 자동차의 안전과 피해의 신속한 회복을 촉진한다.

02 도로법에 의한 도로의 종류에 해당되지 않은 것은?

① 군도
② 고속도로
③ 시도
④ 읍도

03 도로교통법상 도로의 정의를 적절하게 설명한 것은?

① 고속도로와 자동차 전용도로 및 일반국도만을 말한다.
② 도로법 및 유료도로법에 의한 도로, 그 밖에 일반교통에 사용되는 모든 곳을 말한다.
③ 농어촌도로 정비법에 따른 농어촌도로는 도로로 볼 수 없다.
④ 농도, 임도, 광산로 등 누구나 자유롭게 통행할 수 있어도 도로가 아니다.

04 도로는 일반적으로 도로가 되기 위한 4가지 조건이 있다. 해당되지 않는 것은?

① 폐쇄성
② 교통경찰권
③ 이용성
④ 형태성

05 도로교통법상의 차에 해당되지 않는 것은?

① 원동기장치자전거
② 건설기계
③ 자동차
④ 보행보조용 의자차

06 도로교통법상 고속도로의 정의를 가장 올바르게 설명한 것은?

① 자동차의 고속운행에만 사용하기 위하여 지정된 도로
② 고속버스만 다닐 수 있도록 설치된 도로를 말한다.
③ 중앙분리대 설치 등 안전하게 고속 주행할 수 있도록 설치된 도로를 말한다.
④ 자동차만 다닐 수 있도록 설치된 도로를 말한다.

07 차에 포함되지 않는 것은 무엇인가?

① 전동킥보드
② 자전거
③ 건설기계
④ 장애인용 휠체어

08 보행자를 보호하기 위하여 설치하는 대피섬과 자동차의 교통을 유도하는 분리대를 총칭하여 말하는 것은?

① 교통섬
② 축대
③ 중앙분리대
④ 안전지대

09 주·정차에 대한 설명이다. 주차에 해당하는 것은?

① 신호 대기를 위한 정지
② 위험 방지를 위한 일시 정지
③ 5분을 초과하지 않았지만 운전자가 차를 떠나 즉시 운전할 수 없는 상태
④ 지하철역에 친구를 내려 주기 위해 일시 정지

10 정차 및 주차금지에 관한 설명으로 옳지 않은 것은?

① 교차로의 가장자리나 도로의 모퉁이로부터 10m 이내인 장소에는 정차·주차 할 수 없다.
② 안전지대가 설치된 도로에서는 그 안전지대의 사방으로부터 각각 10m 이내인 장소에는 정차·주차할 수 없다.
③ 버스여객자동차의 정류지임을 표시하는 기둥이나 표지판 또는 선이 설치된 곳으로부터 10m 이내인 장소에는 정차·주차할 수 없다.
④ 횡단보도에서는 정차·주차할 수 없다.

11 반드시 일시정지 하여햐 할 곳은?

① 비탈길의 고갯마루 부근
② 도로가 구부러진 부근
③ 보행자가 통행하고 있는 횡단보도 앞
④ 신호등이 없는 교차로

12 관할관청이 정한 택시운임은 일정거리까지 운행 시 일정액의 ( )을, 기본운행거리 이상 운행시 운행거리를 기준으로 하여 매 기준거리까지 일정액의 ( )을, 기준속도를 정하여 기준속도 이하로 주행한 소요시간을 기준으로 매 기준시간까지 일정액의 ( )을 적용할 수 있다. ( ) 안에 차례로 들어갈 적당한 용어는?

① 기본운임, 거리운임, 시간운임
② 기본운임, 할증운임, 시간운임
③ 기본운임, 비례운임, 시간운임
④ 기본운임, 정률운임, 거리운임

13 서행에 대한 설명으로 옳은 것은?

① 그 차 또는 노면전차의 바퀴를 일시적으로 완전 정지시키는 것
② 차를 본래 외 사용방법에 따라 사용하는 것
③ 5분을 초과하지 아니하고 차를 정지시키는 것
④ 차 또는 노면전차를 즉시 정지시킬 수 있는 정도의 느린 속도

정답 01.③ 02.④ 03.② 04.① 05.④ 06.① 07.④ 08.① 09.③ 10.① 11.③ 12.① 13.④

14 제1종 대형 운전면허로 운전할 수 없는 차량은?

① 긴급자동차   ② 화물자동차
③ 3톤 미만의 지게차   ④ 트레일러

15 택시운전사가 다음과 같은 상황에서 교통사고를 일으켰다. 교통사고처리특례법에서 인정하는 보험에 가입하였다 하더라도 형사처벌을 받을 수 있는 경우는?

① 피해자가 치명적인 중상해를 입은 경우
② 최고속도보다 15km/h 높은 속도로 운전한 경우
③ 자동차 간 안전거리를 지키지 않은 경우
④ 운전 중 휴대전화를 사용한 경우

16 65세 미만의 제1종 운전면허 소지자는 몇 년 마다 정기적성검사를 받아야 하는가?

① 3년   ② 5년
③ 7년   ④ 10년

17 모범운전자에 관련한 설명으로 잘못된 것은?

① 무사고운전자 표시장을 받은 사람
② 유공운전자의 표시장을 받은 사람
③ 5년 이상 사업용 자동차 무사고 운전경력자
④ 2년 이상 사업용 자동차 무사고 운전경력자로서 선발되어 교통안전 봉사활동에 종사하는 사람

18 운전자가 보행자에게 갖추어야 할 태도로서 맞는 것은?

① 보행자가 최우선이라는 마음가짐을 가지고 방어운전 한다.
② 이면도로 및 골목길에서는 보행자보다 차가 우선한다.
③ 횡단보도에서 보행자가 없을 때는 그냥 지나쳐도 된다.
④ 무단횡단하는 보행자는 보호할 의무가 없다.

19 다음은 도로교통법상 어린이를 특별하게 보호하기 위한 조치를 설명한 것이다. 이에 해당하지 않는 것은?

① 교통이 빈번한 도로에서 어린이의 보호자는 어린이를 도로에서 놀게 해서는 안된다.
② 교통이 빈번한 도로에서 영유아의 보호자는 영유아만을 보행하게 해서는 안된다.
③ 어린이의 보호자는 어린이가 인라인스케이트 등 위험성이 큰 움직이는 놀이기구를 탈 때에는 안전모를 착용하게 하여야 한다.
④ 유치원 및 초등학교의 주변의 어린이보호구역에서는 자동차의 운행 속도를 매시 40킬로미터 이하로 지정할 수 있다.

20 속도위반에 따른 벌점으로 옳은 것은?

① 60km/h 초과 – 40점
② 40km/h 초과 60km/h 이하 – 30점
③ 20km/h 초과 40km/h 이하 – 20점
④ 10km/h 초과 20km/h 이하 – 10점

21 어린이가 보호자 없이 도로에서 놀이하고 있는 것을 발견한 때 운전방법은?

① 주의하면서 진행
② 일시정지
③ 일시정지하거나 서행
④ 서행

22 보행자 보호 의무에 대한 설명으로 잘못된 것은?

① 무단횡단하는 술 취한 보행자를 보호해 줄 필요는 없다.
② 교통정리가 행하여지지 않는 도로에서 횡단중인 보행자의 통행을 방해해서는 안 된다.
③ 보행자 신호등이 점멸하고 있을 때에도 차량이 진행해서는 안 된다.
④ 교통정리가 행하여지는 교차로에서 우회전할 경우 신호에 따르는 보행자를 방해해서는 안 된다.

23 운행 중 서행표지가 있는 장소에서는 어느 정도의 속도를 감속하여 운행하여야 하는가?

① 즉시 정지를 할 수 있는 느린 속도
② 시속 30km 정도의 속도로 감속 운행
③ 사고를 내지 않을 정도의 속도
④ 현재 운행 속도보다 시속 10km 정도 감속 운행

24 어린이가 보호자 보호 없이 놀고 있어 어린이에 대한 교통사고 위험이 있을 때 운전자의 올바른 통행방법은?

① 경음기를 울려 주의를 주며 지나간다.
② 어린이의 잘못이므로 신속히 지나간다.
③ 일시정지한 후 주위를 살피며 통과한다.
④ 어린이에 주의하면서 급하게 통과한다.

25 어린이보호구역(스쿨존)내에서 제한속도를 위반하여 어린이를 다치게 한 경우의 처벌로 맞는 것은?

① 피해자의 처벌의사에 상관없이 형사처벌을 받는다.
② 피해자가 형사처벌을 요구할 경우에만 형사처벌을 받는다.
③ 피해를 보상할 수 있는 종합보험에 가입한 경우에는 형사처벌을 받지 않는다.
④ 종합보험에 가입했고, 피해자와 합의한 경우라면 형사처벌을 받지 않는다.

26 철길건널목을 통과하는 방법으로 틀린 것은?

① 건널목의 차단기가 내려지려고 할 때에는 건널목으로 진입하여서는 안 된다.
② 운전자는 철길건널목을 통과할 때에는 건널목 앞에서 서행하여야 한다.
③ 신호기가 있는 철길건널목의 경우 신호에 따르는 때에는 정지하지 않고 통과하여도 무방하다.
④ 건널목을 통과하다가 고장 난 경우 우선적으로 승객을 대피시켜야 한다.

27 택시를 운전하다가 어린이통학버스를 만나게 되었다. 이때 적절하지 못한 행동은?

① 앞에 있는 어린이통학버스가 정차하여 점멸등을 켜고 있어서 일시정지하였다.
② 중앙선이 없는 도로의 반대방향에서 어린이통학버스가 정차하고 있어서 서행하였다.
③ 어린이통학버스가 천천히 운행하고 있어도 앞지르기 하지 않고 뒤에서 천천히 운행하였다.
④ 왕복 2차로 도로의 반대방향에서 어린이통학버스가 정차하고 있어서 일시정지하였다.

28 차로를 갑자기 바꾸고자 할 때의 운전자세 중 올바른 것은?

① 상대방에게 진로변경 신호를 하고, 변경 후에는 감사의 표시를 한다.
② 진로를 변경할 때에는 신속히 변경해야 한다.
③ 상대방이 자기의 마음을 이해할 것으로 생각하고 진로를 변경한다.
④ 그대로 진로를 변경한다.

29 도로교통법상 아침 8시부터 저녁 8시 사이에 어린이보호구역에서 택시 운전자가 교통법규 위반 시 부과되는 범칙금으로 틀린 것은?

① 신호지시위반 : 12만원
② 보행자 통행방해 : 6만원
③ 횡단보도 보행자 횡단방해 : 12만원
④ 주차금지위반 : 8만원

30 통행방법에 대한 설명 중 잘못된 것은?

① 모든 차는 지정된 차로로 통행하는 것이 원칙이다.
② 차로별 통행방법이 지정되지 아니한 차는 차로에 관계없이 통행할 수 있다.
③ 앞지르기할 때에는 지정된 차로 옆 왼쪽 차로로 통행할 수 있다.
④ 현저히 느린 속도로 운행할 때에는 지정차로의 오른쪽 차로로 통행한다.

31 도로교통법령상 자동차전용도로에서 좌석 안전띠 미착용에 대한 처벌로 맞는 것은? (단, 동승자는 13세 이상인 경우이다.)

① 동승자가 안전띠 미착용시 운전자에게 범칙금 3만원 부과
② 운전자가 안전띠 미착용시 운전자에게 범칙금 3만원 부과
③ 동승자가 안전띠 미착용시 동승자에게 과태료 3만원 부과
④ 운전자가 안전띠 미착용시 운전자에게 과태료 3만원 부과

32 도로교통법령상 보행자 보호의무위반으로 적용되지 않는 것은?

① 손수레를 끌고 건너고 있는 중에 난 사고
② 자전거를 끌고 건너고 있는 중에 난 사고
③ 이륜차를 타고 건너고 있는 중에 난 사고
④ 횡단보도를 건너고 있는 중에 난 사고

33 택시로 생명이 위급한 환자를 병원으로 운송하고자 한다. 다음 중 긴급자동차의 특례를 받을 수 있는 경우는?

① 택시는 어떠한 경우에도 긴급자동차로 인정받을 수 없다.
② 전조등 또는 비상표시등을 켜고 운전하여야 한다.
③ 사이렌을 울리거나 경광등을 켜야 한다.
④ 휴대하고 다니던 긴급자동차표지를 자동차 뒤편에 부착한다.

34 도로의 중앙이나 좌측 부분을 통행할 수 있는 경우가 아닌 것은?

① 도로가 일방통행으로 된 때
② 도로의 우측 부분의 폭이 그 차마의 통행에 충분하지 아니한 때
③ 도로의 우측 부분의 폭이 6m 이상인 도로에서 다른 차를 앞지르고자 할 때
④ 도로의 파손, 도로공사, 그 밖의 장애 등으로 그 도로의 우측 부분을 통행할 수 없을때

35 통행 우선순위 중 맞는 것은?

① 긴급자동차 → 원동기장치자전거 → 긴급자동차 외의 자동차
② 원동기장치자전거 → 긴급자동차 → 긴급자동차 외의 자동차
③ 긴급자동차 외의 자동차 → 긴급자동차 → 원동기장치자전거
④ 긴급자동차 → 긴급자동차 외의 자동차 → 원동기장치자전거

36 교통신호 중 녹색등화에 대한 설명으로 맞지 않는 것은?

① 차마는 직진할 수 있다.
② 차마는 다른 교통에 방해가 되지 않도록 우회전 할 수 있다.
③ 비보호좌회전 표시가 있는 경우는 무조건 좌회전 할 수 있다.
④ 보행자는 횡단보도를 횡단 할 수 있다.

37 교통신호가 없는 교차로에서 빈 택시가 먼저 진입하고 승객을 태운 택시가 나중에 진입한 경우 통행 우선순위에 대한 설명으로 옳은 것은?

① 빈 택시가 우선이다.
② 속도가 빠른 차가 우선이다.
③ 승객을 태운 택시가 우선이다.
④ 통행 우선순위가 같다.

38 차마가 길가의 건물이나 주차장에 들어가려고 할 때 운전자는?

① 서행하여야 한다.
② 일시정지한 후 서행하여야 한다.
③ 서행한 후 신속히 통과하여야 한다.
④ 일시정지한 후 신속히 통과하여야 한다.

39 좌석안전띠를 반드시 착용해야 되는 경우는?

① 자동차를 후진시키기 위해 운전하는 때
② 긴급자동차가 그 본래의 용도 이외로 운행되고 있는 때
③ 신장·비만 등의 신체 상태에 의해 좌석안전띠 착용이 적당하지 않은 때
④ 부상·질병 또는 임신 등으로 좌석안전띠 착용이 적당하지 않은 때

40 긴급자동차의 정의로 맞는 것은?

① 긴급자동차는 교통법규 위반을 단속하는 차량을 말한다.
② 그 본래의 긴급한 용도로 운행되는 차량을 말한다.
③ 소방자동차는 언제나 긴급자동차이다.
④ 폭발물 운반차량도 긴급자동차에 해당된다.

41 운수종사자의 준수사항에 대한 설명 중 틀린 것은?

① 여객자동차 운송사업에 사용되는 자동차 안에서 담배를 피면 안된다.
② 영수증 발급기 및 신용카드 결제기를 설치해야 하는 택시의 경우 승객이 요구하면 영수증의 발급 또는 신용카드 결제에 응해야 한다.
③ 관계 공무원으로부터 운전면허증, 신분증 또는 자격증의 제시 요구를 받으면 즉시 이에 따라야 한다.
④ 다른 여객의 편의를 위해 전용 운반상자에 넣은 애완동물을 동반, 택시 탑승행위를 제지하여야 한다.

42 긴급업무를 수행하는 긴급자동차가 뒤따라 올 때 지켜야 할 사항은?

① 가로막더라도 정지한다.
② 피하였다가 뒤따라간다.
③ 길가장자리로 피하여 양보한다.
④ 빠른 속도로 앞지르기한다.

43 택시운수종사자 자격요건으로 틀린 것은?

① 사업용 차량을 운전하기 적합한 운전면허 취득
② 19세 이상으로서 운전경력 1년 이상
③ 운전적성정밀검사 기준에 적합할 것
④ 택시운전 자격증 보유

44 도로교통법상 안전띠 착용에 관한 내용 중에서 맞는 것은?

① 고속도로에서는 운전자와 조수석이 착용한다.
② 일반도로에서는 운전석만 착용해도 된다.
③ 자동차전용도로에서는 전 좌석이 착용한다.
④ 자동차를 후진할 때도 안전띠는 반드시 매야 한다.

45 택시운전 자격시험 접수시 첨부하여야하는 서류가 아닌 것은?

① 운전면허증
② 운전적성정밀검사 수검사실 증명서
③ 운전경력증명서
④ 건강검진증명서

46 다음 여객자동차운송사업 중 구역여객자동차 운송사업이 아닌 것은?

① 특수여객자동차운송사업 ② 마을버스운송사업
③ 일반택시운송사업   ④ 전세버스운송사업

47 다음 중 택시운송 사업구역 위반행위에 해당하는 것은?

① 해당 사업구역에서 승객을 태우고 사업구역 밖으로 운행하는 영업행위
② 지역주민의 편의를 위해 별도로 정해진 사업구역 내에서의 영업행위
③ 사업구역 밖으로 운행한 기회에 계속해서 사업구역 밖에서 하는 영업행위
④ 사업구역 밖으로의 운행 후 귀로 중에 하는 일시적인 영업행위

48 여객자동차운수사업법령상 운수종사자 교육에 있어 새로 채용한 운수종사자에 대한 신규교육의 교육시간으로 맞는 것은?

① 4시간   ② 8시간
③ 12시간   ④ 16시간

49 운행 중 최고속도의 100분의 50을 줄인 속도로 운행하여야 하는 경우에 해당되지 않는 것은?

① 노면이 얼어붙은 때
② 안개로 인하여 가시거리 100m 이내인 때
③ 비가 내려 노면에 습기가 쌓인 때
④ 눈이 20mm 이상 쌓인 때

50 편도 1차로인 일반도로(고속도로 및 자동차 전용도로가 아닌 도로)에 별다른 최고속도 표지가 없는 경우 최고속도는 얼마인가?

① 40km/h   ② 50km/h
③ 60km/h   ④ 70km/h

51 고속도로에서 최고속도의 100분의 50으로 감속운행 하여야 하는 경우는?

① 비가 오고 가시거리가 100m 이상인 때
② 안개 등으로 100m 내의 앞이 보이지 않을 때
③ 노면이 젖어 있을 때
④ 눈이 20mm 미만 쌓인 때

52 다음 중 안전거리의 내용으로 맞는 것은?

① 고속도로에서 시속 80km일 때 안전거리는 50m 이상으로 한다.
② 일반도로에서 시속 60km일 때 안전거리는 20m로 한다.
③ 앞차가 급정지해도 충돌을 피할 수 있는 거리면 된다.
④ 무조건 100m이다.

정답 39.② 40.② 41.④ 42.③ 43.② 44.③ 45.④ 46.② 47.③ 48.④ 49.③ 50.③ 51.② 52.③

53 자동차의 정지거리에 대한 설명으로 옳은 것은?

① 공주거리이다.
② 제동거리이다.
③ 제동거리보다 짧다.
④ 공주거리+제동거리

54 차량 운전자는 같은 방향으로 진행할 시 앞차의 뒤를 따를 때에는 앞차가 갑자기 정지하게 되는 경우 그 앞차와의 충돌을 피할 수 있는 거리를 확보하여야하는데 이를 무엇이라 하는가?

① 안전거리　　② 정지거리
③ 제동거리　　④ 공주거리

55 도로교통법상 야간에 고속도로 또는 자동차전용도로에서 자동차가 고장 난 경우, 안전삼각대와 함께 설치하여야 하는 적색의 섬광신호·전기제등 또는 불꽃신호는 사방 몇 미터 지점에서 식별할 수 있는 것이어야 하는가?

① 100m　　② 200m
③ 500m　　④ 800m

56 주행차량이 서행해야 하는 장소가 아닌 곳은?

① 터널 안 및 다리 위
② 가파른 비탈길 내리막
③ 구부러진 도로
④ 비탈길 고갯마루 부근

57 장애물을 피하기 위한 진로변경 방법으로 가장 옳지 않은 것은?

① 장애물을 피하기 위해서는 신속함이 중요하므로 발견 즉시 빠른 속도로 통과한다.
② 반대편에 마주 오는 차가 있는지 확인한다.
③ 비상점멸등으로 후속차량 운전자에게 신호를 한다.
④ 장애물 주변에 충분한 공간이 있는지 파악한다.

58 좌회전 수신호 방법 중 맞는 것은?

① 우측 팔을 차창 밖으로 편다.
② 좌측 팔을 직각으로 편다.
③ 좌측 팔을 수평으로 편다.
④ 우측 팔을 45도 밑으로 편다.

59 비가 내려 물이 고인 곳을 운행할 때 올바른 운전방법은?

① 고인 물에 상관없이 통과한다.
② 일시정지 또는 서행하고 물이 튀지 않게 주의한다.
③ 감속 없이 통과하면서 고인 물에 주의한다.
④ 전방의 차량 또는 물체에만 주의하여 운행한다.

60 여객자동차 운수사업법령에서 규정한 운수사업자에 대한 경영 및 서비스 평가 항목 중 서비스 부문 평가 항목이 아닌 것은?

① 재무건전성　　② 에어백 장착률
③ 운전자의 친절도　　④ 자동차의 안정성·청결도

61 교통정리가 없는 교차로에서 양보운전 요령으로 적절하지 않은 것은?

① 긴급자동차 등 통행우선권이 있는 차에 양보한다.
② 일시정지 또는 양보의 표지가 있는 쪽 통행차량에 양보한다.
③ 먼저 교차로에 진입한 차에 양보한다.
④ 우측도로에서 진입한 차에 양보한다.

62 앞지르기에 대한 설명 중 맞는 것은?

① 교차로에서는 위험이 있을 때만 앞지르기가 금지된다.
② 앞지르기할 때는 앞차의 우측으로 한다.
③ 위험방지를 위해 서행중인 차는 앞지르기할 수 있다.
④ 앞지르기는 앞차의 좌측으로 한다.

63 다음은 교통정리가 행하여지지 않는 교차로에서 동시에 진입하려고 할 때 양보운전에 대한 설명이다. 잘못된 것은?

① 먼저 교차로에 진입한 차에 양보한다.
② 폭이 넓은 도로에서 진입한 차에 양보한다.
③ 좌측도로에서 진입한 차에 양보한다.
④ 긴급자동차에 양보한다.

64 일시정지 하여야 할 장소가 아닌 곳은?

① 신호기가 없고 교통이 빈번한 교차로
② 보행자가 통행하고 있는 횡단보도 앞
③ 가파른 비탈길의 내리막
④ 적색등화가 점멸중인 교차로 진입 전

65 앞지르기 금지시기가 아닌 것은?

① 앞차가 앞선 차를 앞지르기하고 있을 때
② 앞차의 우측방향에 다른 차가 나란히 진행하고 있을 때
③ 앞차의 좌측 옆에 다른 차가 나란히 진행하고 있을 때
④ 앞차가 위험방지를 위하여 서행하고 있을 때

66 교차로 통행방법에 대한 설명으로 맞는 것은?

① 교차로에서는 언제나 좌측 도로의 차가 우선한다.
② 좌·우회전 시에는 빠른 속도로 통과해야 한다.
③ 적색등화 시에는 우회전 할 수 없다.
④ 좌·우회전하고자 하는 때는 반드시 서행한다.

67 도로를 무단횡단하는 보행자 발견 시 올바른 운전방법은?

① 일시정지하여 서행한다.
② 피해서 그대로 통과한다.
③ 경음기를 울리면서 서서히 통과한다.
④ 경음기를 울려 주의를 주며 신속히 통과한다.

68 다음 중 앞지르기가 금지되는 곳이 아닌 곳은?

① 교차로　　② 터널 안
③ 다리 위　　④ 횡단보도

정답 53.④ 54.① 55.③ 56.① 57.① 58.③ 59.② 60.① 61.② 62.④ 63.③ 64.③ 65.② 66.④ 67.① 68.④

69 다음 중 편도 3차로인 일반도로에서 1차로를 통행할 수 없는 자동차는?

① 1.5톤 이하인 화물자동차 ② 소형승합차
③ 중형승합차 ④ 승용자동차

70 버스전용차로를 통행할 수 없는 경우는?

① 36인승 관광 전세버스가 관광객을 승차시켜 운행하는 경우
② 택시가 승객의 시간 편의를 위하여 계속 통행하는 경우
③ 도로공사 등 부득이한 장애로 버스전용차로가 아니면 통행할 수 없는 경우
④ 긴급자동차가 그 본래의 긴급한 용도로 운행하는 경우

71 둘 이상의 행위를 연달아 하거나 하나의 행위를 반복하여 다른 사람에게 위협하는 난폭운전에 해당하지 않는 것은?

① 앞지르기 방해금지 위반 ② 유턴금지 위반
③ 안전거리 미확보 ④ 끼어들기 금지 위반

72 다음 중 신호위반으로 볼 수 없는 것은?

① 교차로 진입 전 황색신호에 교차로에 진입함
② 교차로 진입 후 황색신호에 교차로를 통과함
③ 적색신호에서 녹색신호로 바뀌기 전에 교차로 안으로 진입함
④ 녹색신호시 경찰관 수신호를 위반함

73 비보호 좌회전 표시가 있는 곳에서 좌회전하였을 때에 대한 설명으로 맞는 것은?

① 비보호 좌회전 위반은 교차로 통행방법 위반으로 처벌된다.
② 적색신호 시에도 반대차선에 마주 오는 차량이 없다면 좌회전할 수 있다.
③ 전방 녹생등화 시 좌회전 중 전방에서 오는 트럭과 사고가 발생하면 신호위반 책임이 있다.
④ 녹색신호 시에 반대차선의 교통에 방해되지 않게 좌회전할 수 있다.

74 LPG충전소에 진입하기 위해 보도를 통과할 때 올바른 운전방법은?

① 주행하던 속도로 통행한다
② 사고를 내지 않을 정도의 속도로 통행한다
③ 서행으로 통행한다.
④ 일시정지 후 좌우를 살핀 다음 통행한다.

75 여객자동차운수사업법상 등록한 차고를 이용하지 않고, 차고지가 아닌 곳에서 밤샘주차를 한 행위에 대한 과징금 부과기준으로 맞는 것은?

① 20만원 ② 15만원
③ 10만원 ④ 5만원

76 교통사고 야기 후 피해자와의 합의에 관계없이 공소제기되는 사고는?

① 사망사고 ② 난폭운전
③ 차로위반 ④ 교차로 통행방법위반

77 승용자동차 운전자가 터널 안을 운행시 고장 등의 사유로 터널 안 도로에서 차를 정차 또는 주차하는 경우, 등화를 점등하지 않았을 때의 범칙금은?

① 1만원 ② 2만원
③ 3만원 ④ 5만원

78 도로교통법상 소방차 등의 긴급자동차에 대한 양보의무 위반 시 승용차의 운전자에 대한 범칙금 부과기준으로 맞는 것은?

① 6만원 ② 7만원
③ 9만원 ④ 10만원

79 음주운전하였다고 인정할 상당한 이유가 있는 경우에는 경찰공무원의 음주측정에 응하여야 한다. 불응하였을 때 내려지는 운전면허 행정처분으로 맞는 것은?

① 40일 정지 처분 ② 100일 정지 처분
③ 면허취소 처분 ④ 정지처분은 없다.

80 교통사고처리특례법이 적용되는 속도기준과 학교 앞 어린이 보호구역 통과 시의 제한 속도를 각각 옳게 기술한 것은?

① 10km 초과, 30km ② 20km 초과, 20km
③ 20km 초과, 30km ④ 30km 초과, 40km

81 신호기가 없는 교차로에서 우선순위 중 가장 빠른 것은?

① 교차로에 이미 진입한 좌회전 차량
② 교차로를 우회전하려는 차량
③ 교차로에 먼저 도착한 차량
④ 폭 넓은 도로에 있는 차량

82 위급한 환자를 태우고 비상등을 켜고 운행하는 택시 운전자가 받을 수 있는 특례에 해당되지 않는 것은?

① 교통사고를 야기해도 처벌을 받지 않는다.
② 최고속도의 제한을 받지 않는다.
③ 정지신호가 있는 경우에도 정지하지 않을 수 있다.
④ 앞지르기 금지된 장소에서도 앞지르기를 할 수 있다.

83 도로로 인정되지 않는 아파트 단지내 도로에서의 음주운전에 대한 설명으로 맞는 것은?

① 도로가 아니므로 처벌되지 않는다.
② 도로가 아니라 하더라도 벌금 등 형사처벌을 받을 수 있다.
③ 도로가 아니라 하더라도 운전면허 정지처분, 취소처분을 받을 수 있다.
④ 도로가 아니므로 사고가 발생해도 교통사고로 인정되지 않는다.

정답 69.① 70.② 71.④ 72.② 73.④ 74.④ 75.③ 76.① 77.② 78.① 79.③ 80.③ 81.① 82.① 83.②

84 현행 여객자동차 운수사업법령에 따른 중대한 교통사고에 해당되는 것은?

① 사망자 1명인 사고
② 중상자 5명인 사고
③ 사망자 1명과 중상자 3명 이상인 사고
④ 경상자 6명 이상인 사고

85 택시가 정차할 수 없는 곳에서 손님을 태울 때 가장 적절한 정차방법은?

① 서행하면서 손님을 태운다.
② 손님을 태우지 않고 그냥 지나간다.
③ 정차할 수 있는 곳까지 손님을 유도하여 태운다.
④ 정차할 수 없고 앞지르기 할 수 있다.

86 인적 교통사고가 발생했을 경우 경찰공무원이나 경찰관서에 바로 신고하여야 한다. 다음 중 신고할 내용으로 적절하지 않는 것은?

① 사고가 일어난 장소　　② 사상자 수 및 손괴정도
③ 손괴한 물건 및 손괴정도　　④ 가해자의 인적사항

87 교통사고의 결과에 대한 벌점기준으로 옳지 않은 것은?

① 교통사고 발생 원인이 불가항력인 경우 행정처분을 하지 않는다.
② 자동차와 사람 간 교통사고의 경우 쌍방과실인 때에는 그 벌점을 2분의 1로 감경한다.
③ 자동차 간 교통사고의 경우에는 그 사고원인 중 중한 위반행위를 한 운전자만 적용한다.
④ 점수산정에 있어서 처분 받을 운전자 본인의 피해에 대하여도 벌점을 산정한다.

88 교통사고처리특례법상 중요법규 12개 항목에 해당되지 않는 것은?

① 신호위반 교통사고　　② 무면허 교통사고
③ 음주 교통사고　　④ 고속도로의 갓길 교통사고

89 교통사고처리특례법의 목적은?

① 가해 운전자의 형사처벌을 면제하는 데 있다.
② 교통사고 피해자에 대한 신속한 보상을 하는 데 목적이 있다.
③ 피해의 신속한 회복을 촉진하고 국민 생활의 편익을 증진한다.
④ 종합보험에 가입된 가해자의 법적 특례를 하는 데 목적이 있다.

90 다음 중 운행 제한속도가 가장 높은 곳은?

① 편도 1차로 일반도로
② 학교 앞 어린이보호구역
③ 노면이 얼어붙은 편도 1차로 고속도로
④ 비가 내려 노면이 젖은 편도 3차로 일반도로

91 중앙선침범사고로 중상 2명, 경상 1명의 인적피해와 함께 150만원의 물적피해를 입혔다면 가해운전자가 받아야 할 행정처분 벌점은 얼마인가?

① 50점　　② 55점
③ 60점　　④ 65점

92 운전면허 벌점관리에서 처분벌점 40점 미만인 경우, 최종의 위반일 또는 사고일로부터 얼마기간 동안 무위반무사고로 경과되면 처분벌점이 없어지는가?

① 6개원　　② 1년
③ 1년6개월　　④ 2년

93 술에 취한 상태에서 경찰공무원의 음주측정 요구에 불응한 때의 처벌은?

① 운전면허 취소　　② 면허정지 120일
③ 1년 이하의 징역　　④ 면허정지 100일

94 중앙선 침범으로 교통사고 야기 후 도주했을 경우의 행정처분은?

① 면허정지 110일　　② 면허정지 100일
③ 면허정지 90일　　④ 운전면허 취소

95 다음 중 특례의 적용을 받지 못하고 형사처벌을 받아야 하는 경우가 아닌 것은?

① 교통사고로 사람을 사망케 한 사고의 경우
② 교통사고 야기 도주 또는 사고 장소로부터 옮겨 유기 도주한 경우
③ 무면허로 운전하던 중 사고를 유발하여 사람을 다치게 한 경우
④ 위험 회피를 위해 중앙선을 침범하여 사람을 다치게 한 경우

96 교통사고처리특례법상에서 말하는 과속은 도로교통법에 규정된 법정속도와 지정속도를 얼마나 초과한 경우를 말하는가?

① 10km/ h　　② 20km/h
③ 30km/ h　　④ 40km/h

97 운전자가 교통법규 위반 등으로 운전면허행정처분 벌점이 40점 미만인 경우, 받을 수 있는 교통안전교육은?

① 교통사고교육　　② 교통소양교육
③ 교통법규교육　　④ 교통참여교육

98 여객자동차운송사업법령상 거짓으로 신고하고 개인택시를 대리운전하게 한 경우 1차 위반 처분 기준은?

① 운행정지 10일　　② 운행정지 60일
③ 사업면허 취소　　④ 운행정지 30일

99 운전 중 사망사고 발생 시 1명당 벌점은?

① 30점　　② 60점
③ 90점　　④ 120점

100 고속도로에서 운전자는 안전띠를 착용했지만 승객이 안전띠를 착용하지 않았을 때의 처벌은?

① 운전자에게 범칙금 4만원
② 운전자에게 과태료 3만원
③ 승객에게 범칙금 4만원
④ 승객에게 과태료 3만원

101 택시기사 A씨는 정당한 사유없이 여객의 승차를 거부하는 행위(승차거부)를 하였다. (단, 택시기사 A씨의 승차거부는 이번이 처음이다.) 택시운송사업의 발전에 관한 법령에 따르면 택시기사 A씨에 대한 과태료 처분은?

① 5만원   ② 20만원
③ 30만원   ④ 60만원

102 여객자동차 운수사업법령에서 규정하고 있는 운수종사자 교육종류 중 수시교육의 교육시간은?

① 10시간   ② 6시간
③ 5시간   ④ 4시간

103 관할관청이 단독으로 실시하거나 관할관청과 조합이 합동으로 실시하는 청결상태 등의 검사에 대한 확인을 거부하는 경우 처분 기준은?

① 운행정지 10일   ② 운행정지 20일
③ 운행정지 30일   ④ 운행정지 40일

104 운전 중에 휴대용 전화를 사용한 승용차 운전자의 벌점과 범칙금은?

① 15점 – 7만원   ② 15점 – 6만원
③ 10점 – 7만원   ④ 10점 – 6만원

105 여객자동차운수사업법상 운수종사자의 교육에 필요한 조치를 하지 않은 경우 과징금 액수는?

① 30만원   ② 40만원
③ 50만원   ④ 60만원

106 고속도로에서 운전자는 안전띠를 착용했지만 승객이 안전띠를 착용하지 않았을 때의 처벌은?

① 운전자에게 범칙금 3만원
② 운전자에게 과태료 3만원
③ 승객에게 범칙금 3만원
④ 승객에게 과태료 3만원

107 현행 도로교통법상 자동차 운전자가 운전 중 휴대용 전화를 사용할 수 없는 경우는?

① 시속 30km 이하로 서행하여 운전하는 경우
② 자동차 등이 정지하고 있는 경우
③ 긴급자동차를 운전하는 경우
④ 각종 범죄 및 재해신고 등 긴급한 필요가 있는 경우

108 여객자동차운수사업법상 운수종사자의 자격요건을 갖추지 않고 여객자동차 운송사업의 운전업무에 종사한 경우 과태료 처분액은?

① 50만원   ② 40만원
③ 30만원   ④ 20만원

109 다음 중 택시운전 자격취소 · 정지 등의 행정처분을 할 수 있는 기관은?

① 국토교통부
② 관할 자치단체
③ 관할 경찰서
④ 관할 법원

110 범칙금 납부통고서를 분실하였을 경우(단, 납부기한 내에 한함) 어떻게 하여야 하는가?

① 경찰서에 분실신고하면 범칙금을 납부하지 않아도 된다.
② 즉결심판을 받아야 한다.
③ 단속지 경찰서에 신고하여 재발급 받는다.
④ 읍, 면, 동사무소에 신고하여 재발급 받는다.

111 도로교통법상 교통법규 위반시 벌점이 나머지 셋과 다른 것은?

① 중앙선 침범
② 40km/h 초과 60km/h 이하의 속도 위반
③ 앞지르기 금지시기 및 장소위반
④ 철길건널목 통과방법위반

112 도로교통법상 일반도로에서 안전거리를 확보하지 않고 승용자동차를 운행한 경우의 범칙금과 벌점으로 맞는 것은?

① 범칙금 2만원, 벌점 10점
② 범칙금 3만원, 벌점 15점
③ 범칙금 4만원, 벌점 10점
④ 범칙금 4만원, 벌점 15점

113 교통사고처리특례법상 차만 손괴시킨 후 도주하였을 때 운전자 처벌기준은?

① 피해자의 의사에 따라 처리된다.
② 피해자 처벌의사에 관계없이 형사처벌된다.
③ 가해자와 피해자가 합의하면 형사처벌이 면제된다.
④ 종합보험에 가입하였을 때는 형사처벌이 면제된다.

114 여객자동차 운수사업법의 주요 목적은?

① 여객자동차 운수종사자의 수익성 재고
② 자동차 운수사업의 질서 확립
③ 일반택시운송사업의 종합적인 발달 도모
④ 여객자동차 생산기술의 발전 도모

정답 🔻 **100.**② **101.**② **102.**④ **103.**② **104.**② **105.**① **106.**② **107.**① **108.**① **109.**① **110.**③ **111.**③ **112.**① **113.**② **114.**②

115 여객자동차운송사업의 면허를 받은 자가 운임 또는 요금을 변경하고자 할 때 누구에게 신고하여야 하는가?
① 관할지역 경찰청장 ② 시·도지사
③ 국토교통부장관 ④ 관할지역 구청장

116 여객자동차운수사업의 종류에 해당되지 않은 것은?
① 여객자동차운송사업 ② 자동차대여사업
③ 여객승용차임대사업 ④ 여객자동차터미널사업

117 여객자동차운송사업 중 구역여객자동차 운수사업이 아닌 것은?
① 전세버스운송사업 ② 개인택시운송사업
③ 시내버스운송사업 ④ 일반택시운송사업

118 노선을 정하여 여객을 운송하는 사업은?
① 일반택시운송사업 ② 농어촌버스운송사업
③ 전세버스운송사업 ④ 개인택시운송사업

119 여객자동차운수사업법상 면허를 받은 사업 구역이 아닌 곳에서 택시영업을 한 때의 과징금처분 기준은?
① 10만원 ② 20만원
③ 30만원 ④ 40만원

120 택시운전 자격제도를 규정하고 있는 법은?
① 도로교통법 ② 여객자동차운수사업법
③ 택시관리법 ④ 교통사고특례법

121 여객자동차운수사업법상 택시운전자격의 취소 등의 처분기준 중 1차 자격정지 10일, 2차 자격정지 20일 처분대상이 아닌 것은?
① 신고하지 않거나 미터기에 의하지 않은 부당한 요금을 요구하거나 받는 행위
② 정당한 이유없이 여객의 승차를 거부하거나 여객을 중도에서 내리게 하는 행위
③ 정당한 사유없이 여객자동차운수사업법에 따른 교육 과정을 마치지 않은 행위
④ 승객에게 합승하도록 하는 행위

122 여객자동차운수사업법상 택시 미터기를 부착하지 않고 승객을 운송한 경우 처분 사항은?
① 자격취소 ② 과징금 20만원
③ 자격정지 20일 ④ 과징금 40만원

123 택시운전자격의 자격효력 정지사유가 되는 중대한 교통사고에 해당되지 않는 것은?
① 사망자 2명 이상
② 사망자 1명과 중상자 3명 이상
③ 차량 전복
④ 중상자 6명 이상

124 운전자가 규정된 교육을 받지 않았을 때 자격증 처분 내용은?
① 자격정지 5일 ② 자격정지 7일
③ 자격정지 14일 ④ 자격정지 20일

125 택시운전자격 취소사유로 맞는 것은?
① 중대한 교통사고로 사망자 2명 이상을 발생하게 한 경우
② 미터기에 의하지 않은 부당한 요금을 승객에게 요구하여 받은 경우
③ 택시운전 자격증명을 자동차 안에 게시하지 않고 운전한 경우
④ 도로교통법 위반으로 사업용 자동차를 운전할 수 있는 운전면허가 취소된 경우

126 새로 채용한 운수종사자의 교육은 몇 시간 이상 하여야 하는가?
① 16시간 ② 20시간
③ 24시간 ④ 32시간

127 택시요금 산정과 직접 관계가 없는 것은?
① 운행 소요시간 ② 주행거리
③ 운행거리 ④ 운행 대기시간

128 택시운전자격에 관한 내용으로 틀린 것은?
① 차내에 자격증명을 항상 게시한다.
② 한번 취득으로 전국 어디서나 운전업무가 가능하다.
③ 택시운전자격증은 항상 휴대하여야 한다.
④ 타인에게 자격증을 대여할 수 없다.

129 승차거부로 1년 이내 2차 적발시 자격정지 처분 일수는 얼마인가?(단, 여객자동차운수 사업법에 따른 경우에 한한다.)
① 10일 ② 20일
③ 30일 ④ 40일

130 운전적성정밀검사에 대한 설명으로 올바르지 않은 것은?
① 운전적성정밀검사는 신규검사와 특별검사로 구분한다.
② 중상 이상의 사상사고를 일으킨 자는 특별검사를 받는다.
③ 사업용 차량 운전희망자는 운전적성정밀검사를 받아야 한다.
④ 운전적성정밀검사를 받은 날로부터 7년 이상 취업하지 않은 자는 운전적성정밀검사가 면제된다.

131 택시운송사업에 사용되는 자동차가 차령을 초과하여 운행한 경우 과징금은 얼마인가?
① 180만원 ② 200만원
③ 250만원 ④ 300만원

정답 **115.**② **116.**③ **117.**③ **118.**② **119.**④ **120.**② **121.**③ **122.**④ **123.**③ **124.**① **125.**④ **126.**① **127.**② **128.**② **129.**② **130.**④ **131.**①

132 여객자동차운수사업법령상 택시운송사업자가 차량의 입·출고 내역, 영업거리, 시간 등 미터기에서 생성되는 택시 운행정보를 보존하여야 하는 기간은?

① 5년 이상　　　　　② 1년 이상
③ 6개월 이상　　　　④ 3개월 이상

133 여객자동차운수사업법령에서 정당한 이유없이 여객의 승차를 거부한 때 과태료 처분은?

① 100만원　　　　　② 50만원
③ 40만원　　　　　④ 20만원

134 여객자동차운수사업법의 적용을 받는 위반 사항이 아닌 것은?

① 승차거부　　　　　② 부당요금 징수행위
③ 신호위반　　　　　④ 도중하차

135 여객자동차운수사업법령상 고급형 택시 구분 기준은?

① 배기량 1,900cc 이상 승용자동차
② 배기량 2,000cc 이상 승용자동차
③ 배기량 2,800cc 이상 승용자동차
④ 배기량 3,000cc 이상 승용자동차

136 여객자동차운수사업법령상 일정 장소에서 장시간 정차하며 승객을 유치할 때 해당되는 과태료 처분은?

① 10만원　　　　　② 20만원
③ 30만원　　　　　④ 40만원

137 여객자동차운수사업법령에서 규정한 운수종사자 교육의 종류에 해당하지 않는 것은?

① 신규교육　　　　　② 보수교육
③ 수시교육　　　　　④ 안전교육

138 차고지가 아닌 곳에서 택시를 밤샘 주차한 경우 처벌은?

① 과징금 10만원　　② 과징금 20만원
③ 15일 운행정지　　④ 5일 운행정지

139 택시운전자격의 취소 사유에 해당되지 않는 것은?

① 택시운전자격을 타인에게 대여한 때
② 부정한 방법으로 택시운전자격을 취득한 때
③ 중상자 3인이 발생한 사고를 유발한 때
④ 택시운전자격 정지 처분기간 중에 운전업무에 종사한 때

140 택시운전자의 어린이보호구역에서의 위반행위와 과태료가 잘못 연결된 것은?

① 제한속도 위반(20km/h 이하) – 7만원
② 주·정차 금지위반 – 8만원
③ 주·정차 방법위반 – 8만원
④ 신호·지시위반 – 10만원

141 택시운전자격을 취득할 수 있는 사람은?

① 특정강력범죄의 처벌에 관한 특례법상의 강제추행죄를 범하여 형이 종료된 날부터 20년이 지나지 아니한 자
② 특정경제범죄 가중처벌 등에 관한 법률상의 횡령죄를 범하여 형이 종료된 날부터 20년이 지나지 아니한 자
③ 특정범죄 가중처벌 등에 관한 법률상의 상습절도죄를 범하여 형이 면제된 날부터 20년이 지나지 아니한 자
④ 마약류 관리에 관한 법률에 규정된 죄를 범하여 금고 이상의 형의 집행유예를 선고받고 그 집행유예 기간에 있는 자

142 택시운송사업의 발전에 관한 법률(택시발전법)상 부당한 운임 또는 요금을 받는 행위로 2차 위반 시 자격면허의 처분 기준은?

① 자격정지 10일　　② 자격정지 20일
③ 자격정지 30일　　④ 자격정지 50일

143 택시 미터기를 사용하지 않고 요금을 받을 수 있는 경우는?

① 구간운임 시행지역의 경우
② 승객의 특별한 요청이 있을 경우
③ 장거리 운행시
④ 목적지가 정해진 경우

144 다음 중 택시요금의 할증 적용 시간으로 알맞은 것은? (단, 2019년 1월부터 적용되는 경우이다.)

① 01:00~05:00　　② 24:00~04:00
③ 22:00~05:00　　④ 00:00~05:00

145 개인택시 운송사업자가 처음 불법으로 타인으로 하여금 대리운전을 하게 한 경우, 여객자동차 운수사업 법령상 행정처분 기준으로 맞는 것은?

① 택시운전자격 취소
② 택시운전 자격정지 15일
③ 택시운전 자격정지 30일
④ 택시운전 자격정지 60일

146 택시운송사업용 자동차의 경우 자동차 외부에 표시하여야 하는 사항 중 틀린 것은?

① 호출번호
② 관할관청
③ 자동차의 차고지
④ 여객자동차운송가맹사업자의 상호(개인택시가 운송가맹점으로 가입한 경우)

147 택시운송사업의 발전에 관한 법령상 운송비용 전가금지 항목이 아닌 것은?

① 택시구입비　　　　② 유류비
③ 출근비　　　　　④ 세차비

정답 132.② 133.④ 134.③ 135.④ 136.② 137.④ 138.① 139.③ 140.④ 141.② 142.② 143.① 144.④ 145.④ 146.③ 147.③

148 다음 중 택시의 불법영업에 해당되는 것은?

① 해당 사업구역에서 승객을 태우고 사업구역 밖으로 운행하는 영업

② 해당 사업구역에서 승객을 태우고 사업구역 밖으로 운행한 후 해당 사업구역으로 돌아오는 도중에 사업구역 밖에서 승객을 태우고 해당 사업구역에서 내리는 일시적인 영업

③ 해당 사업구역에서 승객을 태우고 사업구역 밖으로 운행한 다음, 그 시·도 내에서의 일시적인 영업

④ 해당 사업구역이 광명시인 경우 서울시 금천·구로구에서 운행하는 영업

149 택시운전자격의 취소 등의 처분기준 중 감경사유에 대한 설명으로 틀린 것은?

① 여객자동차운수사업에 대한 정부 정책상 필요하다고 인정되는 경우

② 위반의 내용정도가 경미하여 이용객에게 미치는 피해가 적다고 인정되는 경우

③ 위반행위가 고의나 중대한 과실이 아닌 사소한 부주의나 오류로 인한 것으로 인정되는 경우

④ 위반행위를 한 사람이 처음 해당 위반행위를 한 경우로서, 3년 이상 택시운송사업의 운수종사자로 모범적으로 근무해온 사실이 인정되는 경우

150 택시운송사업의 발전에 관한 법률에 따라 신규 택시운송사업 면허를 받을 수 없는 사업구역이 아닌 것은?

① 사업구역별 총량을 산정하지 아니한 사업구역

② 사업구역별 택시총량보다 해당 사업구역내의 택시의 대수가 많은 사업구역

③ 국토교통부장관이 사업구역별 택시 총량의 재산정을 요구한 사업구역

④ 사업구역별 택시 교통사고 발생율이 전국에서 가장 높은 사업구역으로 국토교통부장관이 지정한 사업구역

151 승객의 요구에 따라 택시의 윗부분에 택시임을 표시하는 설비를 부착하지 아니하고 운행할 수 있는 택시는?

① 소형택시   ② 중형택시
③ 모범형택시   ④ 고급형택시

152 현행 여객자동차운수사업법령상 경영 및 서비스 평가 항목 중 경영 부문이 아닌 것은?

① 운전자 관리실태   ② 보유 자동차의 차령
③ 에어백 장착률   ④ 재무건전성

153 국토교통부장관에게 보고하여야 하는 교통사고가 아닌 것은?

① 사망자가 2명 발생한 사고

② 사망자 1명과 중상자가 3명인 사고

③ 중상자가 7명 발생한 사고

④ 중상자 3명과 경상자가 2명인 사고

154 택시운전 중 사람이 1명 사망하고 3명이 중상을 입는 사고를 냈다. 택시운전자격의 처분기준은?

① 자격정지 60일   ② 자격정지 50일
③ 자격정지 90일   ④ 면허취소

155 사업용자동차 운전자의 자격요건 중 연령조건은?

① 18세 이상   ② 19세 이상
③ 20세 이상   ④ 21세 이상

156 여객자동차 운수사업에 사용되는 배기량 2,400cc 미만 일반택시의 차령(운행연한)으로 알맞은 것은?

① 3년 6개월   ② 4년
③ 4년 6개월   ④ 5년

157 운전자의 자격 등 필요한 요건을 갖추지 아니한 자를 종사하게 한 때의 처분은?

① 운행정지 20일   ② 운행정지 30일
③ 운행정지 40일   ④ 운행정지 50일

158 택시운전자가 미터기에 의하지 않은 부당한 요금을 요구하여 처음 적발된 경우에 대한 자격정지 처분은?(택시운송사업의 발전에 관한 법령상의 기준에 따른다.)

① 경고   ② 자격정지 5일
③ 자격정지 10일   ④ 자격정지 20일

159 일정한 곳에서 장시간 정차하여 승객을 유치한 때 과태료 처분은?

① 10만원   ② 20만원
③ 30만원   ④ 40만원

160 일반택시 배기량 2400cc미만 차량의 만기는

① 4년   ② 5년
③ 6년   ④ 7년

제 2 편

안전운행 및
LPG자동차 안전관리

🚕 안전운행

1. 교통신호기

① 모든 운전자와 보행자는 신호기의 신호에 따라 통행하여야 한다.

② 운전자는 자기가 가는 방향의 신호를 정확하게 확인하여야 한다. 주변의 신호가 적색이라도 자기가 가는 방향의 신호가 녹색이라고는 할 수 없다.

③ 주변 신호만을 보고 전방으로 달려나가지 않도록 한다.

④ 황색신호에 진행하는 자동차들은 매우 위험하므로 가능한 한 정지선에 정지해야 하고 부득이한 때에는 주의하면서 서행한다.

⑤ 도로의 우측 가장자리(보행 신호등)에 보조 신호등이 있는데 이 신호기에 녹색 화살표가 나오면 전방의 신호가 적색이더라도 화살표방향으로 우회전할 수 있다. 그러나 횡단보도를 비롯한 주변의 교통상황(보행자, 자전거)에 주의하여야 한다.

2. 신호기가 표시하는 신호의 종류와 의미

구분	신호의 종류	신호의 뜻
차량 신호등	녹색의 등화	• 차마는 직진 또는 우회전할 수 있다. • 비보호좌회전표지 또는 비보호좌회전표시가 있는 곳에 서는 좌회전할 수 있다.
	녹색화살표의 등화	차마는 화살표 방향으로 진행할 수 있다.
	황색의 등화	• 차마는 정지선이 있거나 횡단보도가 있을 때에는 그 직전이나 교차로의 직전에 정지하여야 하며, 이미 교차로에 진입하고 있는 경우에는 신속히 교차로 밖으로 진행하여야 한다. • 차마는 우회전을 할 수 있고 우회전하는 경우에는 보행자의 횡단을 방해하지 못한다.
	황색등화의 점멸	차마는 다른 교통 또는 안전표지의 표시에 주의하면서 진행할 수 있다.
	적색의 등화	차마는 정지선, 횡단보도 및 교차로의 직전에서 정지하여야 한다. 다만, 신호에 따라 진행하는 다른 차마의 교통을 방해하지 아니하고 우회전할 수 있다.
	적색등화의 점멸	차마는 정지선이나 횡단보도가 있는 때에는 그 직전이나 교차로의 직전에 일시정지한 후 다른 교통에 주의하면서 진행할 수 있다.
	녹색화살표의 등화 (하향)	차마는 화살표로 지정한 차로로 진행할 수 있다.
	적색 ×표 표시의 등화	차마는 ×표가 있는 차로로 진행할 수 없다.
	적색 ×표 표시등화의 점멸	차마는 ×표가 있는 차로로 진입할 수 없고, 이미 진입한 경우에는 신속히 그 차로 밖으로 진로를 변경하여야 한다.
보행 신호등	녹색의 등화	보행자는 횡단보도를 횡단할 수 있다.
	녹색등화의 점멸	보행자는 횡단을 시작하여서는 아니되고, 횡단하고 있는 보행자는 신속하게 횡단을 완료하거나 그 횡단을 중지하고 보도로 되돌아와야 한다.
	적색의 등화	보행자는 횡단보도를 횡단하여서는 아니된다.

3. 교통안전표지의 종류

표지	설명
주의표지	도로상태가 위험하거나 도로 또는 그 부근에 위험물이 있는 경우에 필요한 안전조치를 할 수 있도록 이를 도로사용자에게 알리는 표지
규제표지	도로교통의 안전을 위하여 각종 제한 · 금지 등의 규제를 하는 경우에 이를 도로사용자에게 알리는 표지
지시표지	도로의 통행방법 · 통행구분 등 도로교통의 안전을 위하여 필요한 지시를 하는 경우에 도로사용자가 이를 따르도록 알리는 표지
보조표지	주의표지 · 규제표지 또는 지시표지의 주기능을 보충하여 도로사용자에게 알리는 표지
노면표시	• 도로교통의 안전을 위하여 각종 주의 · 규제 · 지시 등의 내용을 노면에 기호 · 문자 또는 선으로 도로사용자에게 알리는 표시 • 점선은 허용, 실선은 제한, 복선은 의미의 강조 • 노면표시의 기본색상 중 백색은 동일방향의 교통류 분리 및 경계표시, 황색은 반대방향의 교통류 분리 또는 도로이용의 제한 및 지시(중앙선표시, 노상장애물표시, 주차금지표시, 정차주차금지표시 및 안전지대 표시), 청색은 지정방향의 교통류 분리 표시(버스전용차로표시 및 다인승차량 전용차선표시), 적색은 어린이보호구역 또는 주거지역 안에 설치하는 속도제한 표시의 테두리선에 사용

4. 차로에 따른 통행구분(고속도로 외의 도로)

차로	구분	통행할 수 있는 차의 종류
편도 4차로	1차로	승용자동차, 중 · 소형승합자동차
	2차로	
	3차로	대형승합자동차, 적재중량이 1.5톤 이하인 화물자동차
	4차로	적재중량이 1.5톤을 초과하는 화물자동차, 특수자동차, 건설기계, 이륜자동차, 원동기장치자전거, 자전거 및 우마차
편도 3차로	1차로	승용자동차, 중 · 소형승합자동차
	2차로	대형승합자동차, 적재중량이 1.5톤 이하인 화물자동차
	3차로	적재중량이 1.5톤을 초과하는 화물자동차, 특수자동차, 건설기계, 이륜자동차, 원동기장치자전거, 자전거 및 우마차
편도 2차로	1차로	승용자동차, 중 · 소형승합자동차
	2차로	대형승합자동차, 화물자동차, 특수자동차, 건설기계, 이륜자동차, 원동기장치자전거, 자전거 및 우마차

5. 자동차 등의 속도

(1) 도로별, 차로수별 속도

도로구분			최고속도	최저속도
일반도로	편도 2차로 이상		80km/h	제한없음
	편도 1차로		60km/h	
고속도로	편도 2차로 이상	모든 고속도로	• 100km/h • 단, 적재중량 1.5톤 초과 화물자동차, 특수자동차, 건설기계, 위험물운반자동차는 80km/h	50km/h
		지정 · 고시한 노선 또는 구간의 고속도로	• 120km/h • 단, 적재중량 1.5톤 초과 화물자동차, 특수자동차, 건설기계, 위험물운반자동차는 90km/h	50km/h
	편도 1차로		80km/h	50km/h
자동차 전용도로			90km/h	30km/h

(2) 이상 기후 시의 운행 속도

운행속도	이상 기후 상태
최고속도의 20/100을 줄인 속도	• 비가 내려 노면이 젖어 있는 경우 • 눈이 20mm 미만 쌓인 경우
최고속도의 50/100을 줄인 속도	• 폭우, 폭설, 안개 등으로 가시거리가 100m 이내인 경우 • 노면이 얼어붙은 경우 • 눈이 20mm 이상 쌓인 경우

6. 서행 및 일시정지 등의 이행

<table>
<tr><th colspan="2">구분</th><th>설명</th></tr>
<tr><td rowspan="2">서행</td><td>서행할 때</td><td>• 교차로에서 좌·우회전할 때 각각 서행
• 교통정리가 행하여지고 있지 아니하는 교차로 진입시 교차하는 도로의 폭이 넓은 경우는 서행
• 안전지대에 보행자가 있는 경우와 차로가 설치되어 있지 아니한 좁은 도로에서 보행자의 옆을 지나는 경우에는 안전거리를 두고 서행</td></tr>
<tr><td>서행할 곳</td><td>• 교통정리가 행하여지고 있지 아니하는 교차로
• 도로가 구부러진 부근 서행
• 비탈길의 고개마루 부근 서행
• 가파른 비탈길의 내리막 서행
• 지방경찰청장이 안전표지에 의하여 지정한 곳</td></tr>
<tr><td colspan="2">일단정지</td><td>길가의 건물이나 주차장 등에서 도로에 들어가려고 하는 때에 일단정지</td></tr>
<tr><td colspan="2">일시정지</td><td>• 보도와 차도가 구분된 도로에서 도로 외의 곳을 출입하는 때에는 보도를 횡단하기 직전에 일시정지
• 철길건널목을 통과하고자 하는 때 일시정지
• 보행자가 횡단보도를 통행하고 있는 때 일시정지
• 보행자 전용도로 통행시 보행자의 걸음걸이 속도로 운행하거나 일시 정지
• 교차로 또는 그 부근에서 긴급자동차가 접근한 때에는 교차로를 피하여 우측 가장자리에 일시정지
• 교통정리가 행하여지고 있지 아니하고 좌·우를 확인할 수 없거나 교통이 빈번한 교차로 진입 시 일시정지
• 지방경찰청장이 필요하다고 인정하여 일시정지 표지에 의하여 지정한 곳
• 어린이가 보호자 없이 도로를 횡단하는 때 도로에서 앉아 있거나 서 있는 때 또는 놀이를 하는 때 등 어린이에 대한 교통사고의 위험이 있는 것을 발견한 때, 앞을 보지 못하는 사람이 흰색 지팡이를 가지거나 맹도견을 동반하고 도로를 횡단하고 있는 때 또는 지하도·육교 등 도로횡단시설을 이용할 수 없는 지체장애인이 도로를 횡단하고 있는 때에는 일시정지
• 정지선이나 횡단보도가 있는 때에는 적색등화가 점멸하는 곳의 그 직전이나 교차로의 직전에 일시정지</td></tr>
</table>

7. 통행의 우선순위 및 긴급 자동차의 특례

(1) 통행의 우선순위

① 긴급자동차(최우선 통행권)
② 긴급자동차 외의 자동차(최고속도 순서)
③ 원동기장치자전거
④ 자동차 및 원동기장치자전거 외의 차마

(2) 긴급 자동차의 특례

① 긴급하고 부득이한 때에는 도로의 중앙이나 좌측부분을 통행 할 수 있다.
② 정지하여야 할 곳에서 정지하지 않을 수 있다.
③ 자동차등의 속도(법정 운행속도 및 제한속도), 앞지르기 금지의 시기 및 장소, 끼어들기의 금지에 관한 규정을 적용하지 아니한다.

8. 감각과 판단 능력

(1) 정지시력

① 정지시력이란 : 일정 거리에서 일정한 시표를 보고 모양을 확인할 수 있는지를 가지고 측정하는 시력을 말하며 정상시력은 20/20으로 나타낸다.
② 20/40이란 : 정상시력을 가진 사람이 40피트 거리에서 분명히 볼 수 있는데도 불구하고 측정대상자는 20피트 거리에서야 그 글자를 분명히 읽을 수 있는 것을 의미한다.

(2) 동체시력

① 동체시력 : 움직이는 물체를 보거나 움직이면서 물체를 볼 수 있는 시력을 말한다.
② 동체시력은 물체의 이동속도가 빠를수록 상대적으로 저하된다.
③ 동체시력은 연령이 높을수록 더욱 저하된다.
④ 동체시력은 장시간 운전에 의한 피로상태에서도 저하된다.

(3) 야간시력

① 가장 운전하기 힘든 시간 : 해질 무렵
② 야간시력과 주시대상
  ㉠ 무엇인가 있다는 것을 인지하기 쉬운 옷 색깔 : 흰색 → 엷은 황색 → 흑색
  ㉡ 사람이라는 것을 확인하기 쉬운 옷 색깔 : 적색 → 백색 → 흑색
  ㉢ 움직이는 방향을 알아 맞추는데 가장 쉬운 옷 색깔 : 적색 → 흑색
③ 통행인의 노상위치와 확인거리 : 주간에는 중앙선에 있는 통행인이 갓길에 있는 사람보다 쉽게 확인할 수 있지만, 야간에는 대향차량간의 전조등에 의한 현혹현상으로 중앙선상의 통행인을 우측 갓길에 있는 통행인보다 확인하기 어렵다.

9. 자동차의 제동장치

장치	내용
주차 브레이크	• 차를 주차 또는 정차시킬 때 사용하는 제동장치로서 주로 손으로 조작 • 풋 브레이크와 달리 좌우의 뒷바퀴가 고정
풋 브레이크	• 주행 중에 발로써 조작하는 주 제동장치 • 휠 실린더의 피스턴에 의해 브레이크 라이닝을 밀어 주어 타이어와 함께 회전하는 드럼을 잡아 멈추게 함
엔진 브레이크	• 가속 페달을 놓거나 저단기어로 바꾸게 되면 엔진 브레이크가 작용하여 속도가 떨어지게 함 • 내리막길에서 풋 브레이크만 사용하게 되면 라이닝의 마찰에 의해 제동력이 떨어지므로 엔진 브레이크를 사용하는 것이 안전
ABS	• 제동시에 바퀴를 로크 시키지 않음으로써 브레이크가 작동하는 동안에도 핸들의 조정이 용이하고 가능한 최단거리로 정지시킬 수 있도록 하는 제동장치 • 바퀴가 미끄러지지 않는 정상 노면에서는 일반 브레이크 작동과 동일하나 바퀴의 미끄러짐 현상이 나타나면 미끄러지기 직전의 상태로 각 바퀴의 제동력을 ON, OFF시켜 제어

10. 자동차의 물리적 현상

(1) 스탠딩웨이브(Standing wave) 현상

① 타이어의 회전속도가 빨라지면 접지부에서 받은 타이어의 변형(주름)이 다음 접지 시점까지도 복원되지 않고 접지의

뒤쪽에 진동의 물결이 일어나는 현상을 말한다.

② 스탠딩웨이브 현상이 계속되면 타이어는 쉽게 과열되고 원심력으로 인해 트레드(tread)부가 변형될 뿐 아니라 오래가지 못해 파열된다.

③ 스탠딩웨이브 현상의 예방을 위해서는 속도를 낮추고, 공기압을 높인다.

(2) 수막(Hydroplaning) 현상

① 물이 고인 노면을 고속으로 주행할 때 물의 저항에 의해 노면으로부터 떠올라 물위를 미끄러지듯이 되는 현상으로, 수막현상이 발생하는 최저의 물 깊이는 자동차의 속도, 타이어의 마모 정도, 노면의 거침 등에 따라 다르지만 2.5mm~10mm 정도이다.

② 수막현상의 예방
  ㉠ 고속으로 주행하지 않는다.
  ㉡ 마모된 타이어를 사용하지 않는다.
  ㉢ 공기압을 조금 높게 한다
  ㉣ 배수효과가 좋은 타이어를 사용한다.

(3) 페이드(Fade) 현상

① 브레이크를 반복하여 사용하면 마찰열이 라이닝에 축적되어 브레이크의 제동력이 저하되는 현상을 말한다.

② 브레이크 라이닝의 온도상승으로 라이닝 면의 마찰계수가 저하되기 때문에 페달을 강하게 밟아도 제동이 잘 되지 않는다.

(4) 베이퍼록(Vapour lock) 현상

① 액체를 사용하는 계통에서 열에 의하여 액체가 증기(베이퍼)로 되어 어떤 부분에 갇혀 계통의 기능이 상실되는 것

② 브레이크액이 기화하여 페달을 밟아도 스펀지를 밟는 것 같고 유압이 전달되지 않아 브레이크가 작용하지 않는 현상

(5) 모닝록(Morning lock) 현상

① 비가 자주 오거나 습도가 높은 날, 또는 오랜 시간 주차한 후에는 브레이크 드럼에 미세한 녹이 발생하는 현상을 말한다.

② 브레이크 패드와 디스크의 마찰계수가 높아져 평소보다 브레이크가 예민하게 작동된다.

11. 정지거리와 정지시간

구분	내용
공주시간	운전자가 자동차를 정지시켜야 할 상황임을 지각하고 브레이크로 발을 옮겨 브레이크가 작동을 시작하는 순간까지의 시간
공주거리	공주시간이 발생하는 동안 자동차가 진행한 거리
제동시간	운전자가 브레이크에 발을 올려 브레이크가 막 작동을 시작하는 순간부터 자동차가 완전히 정지할 때까지의 시간
제동거리	제동시간이 발생하는 동안 자동차가 진행한 거리
정지시간	운전자가 위험을 인지하고 자동차를 정지시키려고 시작하는 순간부터 자동차가 완전히 정지할 때까지의 시간(공주시간과 제동시간을 합한 시간)
정지거리	정지시간이 발생하는 동안 자동차가 진행한 거리(공주거리와 제동거리를합한 거리)

12. 방어운전의 개념 및 운전 요령

(1) 방어운전의 개념

① 미리 위험한 상황을 피하여 운전하는 것

② 위험한 상황을 만들지 않고 운전하는 것

③ 위험한 상황에 직면했을 때는 이를 효과적으로 회피할 수 있도록 운전하는 것

(2) 교차로 안전운전 및 방어운전

① 신호등이 있는 경우 : 신호등이 지시하는 신호에 따라 통행

② 교통경찰관 수신호의 경우 : 교통경찰관의 지시에 따라 통행

③ 신호등 없는 교차로의 경우 : 통행의 우선순위에 따라 주의하며 진행

④ 섣부른 추측운전은 금물

⑤ 언제든 정지할 수 있는 준비태세로 운전

⑥ 신호가 바뀌는 순간을 주의

(3) 커브길 주행요령과 핸들조작

① 완만한 커브길
  ㉠ 커브길의 편구배(경사도)나 도로의 폭을 확인하고, 감속을 위해 가속 페달에서 발을 떼어 엔진 브레이크를 작동한다.
  ㉡ 엔진 브레이크만으로 속도가 충분히 떨어지지 않으면 풋 브레이크를 사용하여 실제 커브를 도는 중에 더 이상 감속할 필요가 없을 정도까지 감속한다.
  ㉢ 커브가 끝나는 조금 앞부터 핸들을 돌려 차량의 모양을 바르게 한다.
  ㉣ 가속 페달을 밟아 속도를 서서히 높인다.

② 급 커브길
  ㉠ 커브의 경사도나 도로의 폭을 확인하고, 감속을 위해 가속 페달에서 발을 떼어 엔진 브레이크를 작동한다.
  ㉡ 풋 브레이크를 사용하여 충분히 감속한다.
  ㉢ 후사경으로 오른쪽 후방의 안전을 확인한다.
  ㉣ 저단 기어로 변속한다.
  ㉤ 커브 내각의 연장선에 차량이 이르렀을 때 핸들을 꺾는다.
  ㉥ 차가 커브를 돌았을 때 핸들을 되돌리기 시작한다.
  ㉦ 차의 속도를 서서히 높인다.

③ 커브길 핸들조작
  ㉠ 커브길에서의 핸들조작은 슬로우-인, 패스트-아웃(Slow-in, Fast-out) 원리에 입각하여 커브 진입직전에 핸들조작이 자유로울 정도로 속도를 감속한다.
  ㉡ 커브가 끝나는 조금 앞에서 핸들을 조작하여 차량의 방향을 안정되게 유지한 후 속도를 증가(가속)하여 신속하게 통과한다.

(4) 내리막길 안전운전 및 방어운전

① 내리막길을 내려가기 전에는 미리 감속하여 천천히 내려가며 엔진 브레이크로 속도를 조절하는 것이 바람직하다.

② 도로의 오르막길 경사와 내리막길 경사가 같거나 비슷한 경우라면, 변속기 기어의 단수도 오르막 내리막을 동일하게 사용하는 것이 적절 : 이는 앞서 사용한 기어단수가 적절하였다는 가정 하에서 적용하는 것

③ 커브 주행 시와 마찬가지로 중간에 불필요하게 속도를 줄인다든지 급제동하는 것은 금물

④ 내리막길에서 기어를 변속할 때는 다음과 같은 요령으로 함
  ㉠ 변속할 때 클러치 및 변속 레버의 작동은 신속하게
  ㉡ 변속 시에는 머리를 숙인다던가 하여 다른 곳에 주의를

빼앗기지 말고 눈은 교통상황 주시상태를 유지

ⓒ 왼손은 핸들을 조정하며 오른손과 양발은 신속히

(5) 오르막길 안전운전 및 방어운전

① 정차 시에는 풋 브레이크와 핸드 브레이크를 동시에 사용한다.

② 출발 시에는 핸드 브레이크를 사용하는 것이 안전하다.

③ 오르막길에서 앞지르기 할 때는 힘과 가속력이 좋은 저단 기어를 사용하는 것이 안전하다.

(6) 철길건널목 안전운전 및 방어운전

① 일시정지 한 후, 좌·우의 안전을 확인하고 통과한다.

② 건널목 통과 시 기어는 변속하지 않는다.

③ 건널목 건너편 여유공간(자기차 들어갈 곳)을 확인 후 통과한다.

④ 시동이 걸리지 않을 때는 기어를 1단 위치에 넣은 후 클러치 페달을 밟지 않은 상태에서 엔진 키를 돌리면 시동 모터의 회전으로 바퀴를 움직여 철길을 빠져 나올 수 있다.

13. 기타 안전운전관련 사항

(1) 밤에 도로를 통행할 때 켜야하는 등화

① 자동차 : 전조등, 차폭등, 미등, 번호등

② 사업용차 : 전조등, 차폭등, 미등, 번호등, 실내조명등

③ 견인되는 차 : 미등, 차폭등, 번호등

④ 일시 주차 및 정차 시 : 미등, 차폭등

(2) 주차 및 정차 금지장소

① 교차로, 횡단보도, 건널목

② 보도, 차도가 구분된 도로

③ 교차로, 또는 도로모퉁이의 5m 이내의 곳

④ 안전지대로부터 10m 이내의 곳

⑤ 버스정류장으로부터 10m 이내의 곳

⑥ 철길건널목으로부터 10m 이내의 곳

(3) 주차 금지장소

① 소방용 기계기구로부터 5m 이내

② 소방용 방화물통으로부터 5m 이내인 곳

③ 소화전으로부터 5m 이내인 곳

④ 화재경보기로부터 3m 이내인 곳

⑤ 터널 안, 다리 위

14. 고장이 자주 일어나는 부분 점검

(1) 진동과 소리가 날 때

① 엔진의 점화 장치 부분 : 주행 전 차체에 이상한 진동이 느껴질 때는 엔진에서의 고장이 주원인이며, 플러그 배선이 빠져있거나 플러그 자체가 나쁠 때이다.

② 클러치 부분 : 클러치를 밟고 있을 때 "달달달"떨리는 소리와 함께 차체가 떨리고 있다면, 이것은 클러치 릴리스 베어링의 고장이다.

③ 브레이크 부분 : 브레이크 페달을 밟아 차를 세우려고 할 때 바퀴에서 "끼익!"하는 소리가 나는 경우는 브레이크 라이닝의 마모가 심하거나 라이닝에 결함이 있을 때이다.

④ 조향 장치 부분 : 핸들이 어느 속도에 이르면 극단적으로 흔들리면 앞차륜 정렬(휠 얼라인먼트)이 맞지 않거나 바퀴 자체의

휠 밸런스가 맞지 않을 때이다.

(2) 냄새와 열이 날 때의 이상 부분

① 전기 장치 부분 : 고무 같은 것이 타는 냄새가 날 때는 대개 엔진실 내의 전기 배선 등의 피복이 녹아 벗겨져 합선에 의해 전선이 타면서 나는 냄새가 대부분이다.

② 바퀴 부분 : 바퀴마다 드럼에 손을 대보면 어느 한쪽만 뜨거울 경우가 있는데, 이 때는 브레이크 라이닝 간격이 좁아 브레이크가 끌리기 때문이다.

(3) 배출 가스로 구분할 수 있는 고장 부분

① 무색 : 완전 연소 시 배출 가스의 색은 정상 상태에서 무색 또는 약간 엷은 청색이다.

② 검은색 : 농후한 혼합 가스가 들어가 불완전 연소되는 경우이다. 초크 고장이나 에어클리너 엘리먼트의 막힘, 연료 장치 고장 등이 원인이다.

③ 백색 : 엔진 안에서 다량의 엔진 오일이 실린더 위로 올라와 연소되는 경우이다.

🚖 LPG자동차 안전관리

1. LPG 자동차의 장점과 단점

(1) LPG 자동차의 장점

① 연료비가 적게 들어 경제적이다.

② 엔진 연소실에 카본(탄소)의 부착이 없어 점화플러그의 수명이 연장된다.

③ 엔진 관련 부품의 수명이 상대적으로 길어진다.

④ 엔진 소음이 적다.

⑤ 연료의 옥탄가(90~125)가 높아 녹킹 현상이 일어나지 않는다.

⑥ 연소상태가 깨끗하여 유해 배출가스의 배출이 줄어든다.

(2) LPG 자동차의 단점

① LPG 충전소가 적기 때문에 찾기가 힘들다.

② 겨울철에 시동이 잘 걸리지 않는다.

③ 가스누출 시 체류하여 점화원에 의해 폭발의 위험성이 있다.

2. 자동차용 LPG 성분

(1) 일반적 특성

① LPG의 주성분은 부탄(C_4H_{10})과 프로판(C_3H_8) 등으로 이루어져 있다.

② LPG는 감압 또는 가열 시 쉽게 기화되며 발화하기 쉬우므로 취급상 특별한 주의가 필요하다.

③ 화학적으로 순수한 LPG는 상온상압하에서 무색무취의 가스이나 가스 누출의 위험을 감지할 수 있도록 부취제를 첨가하여 독특한 냄새가 난다.

④ LPG 충전은 과충전 방지장치로 인하여 85% 이상 충전되지 않는다(80%가 적정함).

(2) 부탄과 프로판의 혼합비율

① LPG는 온도 및 압력에 따라 기화점이 다른 프로판과 부탄을 주성분으로 하는 혼합물이다.

② 11월~2월 중에는 낮은 온도에서 쉽게 기화하도록 프로판 비율이 높은 것이 좋다(국내 프로판 비율은 30%로 혼합하여

사용하도록 권장하고 있다).

③ 현재의 프로판 비율 30%에서도 -15℃ 이하에서는 LPG 연료 특성상 시동불량 현상이 나타날 수 있다.

(3) 부탄과 프로판

① 부탄과 프로판의 차이점 : 프로판 가스는 공기에 비해 약 1.5배 무겁고, 부탄가스는 공기에 비해 약 2배 무겁다.

② 연소범위 : 프로판의 연소범위는 2.1~9.8%이며, 부탄 연소범위는 1.8~8.4%이다.

3. 연료장치의 기능

장치	설명
충전밸브(녹색)	연료 충전 시 사용 : 충전 후 반드시 잠금
액체 출구밸브(적색)	액상의 연료를 엔진으로 공급
기체 출구밸브(황색)	기체의 가스를 엔진으로 공급
전자밸브	사고 시 연료의 공급 차단
액면계	충전량 확인(80% 적정 충전)
기화가	엔진 냉각수 열 이용, 액체를 기체로 바꾸는 기능
혼합기	기화된 가스와 공기를 혼합

4. LPG 차량용 용기와 연소

(1) LPG 차량의 용기

① 최고 충전압력 18kg/cm² 내압시험 압력 30kg/cm²

② 충전용기 : 50% 이상 충전되어 있는 상태

③ 잔가스 용기 : 50% 미만 충전되어 있는 상태

④ LPG 차량용 용기 색깔 : 회색

(2) 완전연소와 불완전연소

① 완전연소 : LPG가 연소 반응하여 완전히 CO_2와 H_2O로 바뀌는 것

② 불완전연소 : CO_2로 되어야 할 것이 CO 즉, 유독가스인 일산화탄소로 되므로 불완전 연소 상태에서 장시간 사용하게 되면 일산화탄소에 중독될 우려가 있다.

③ 이론 공기량

㉠ 가연성 물질을 완전연소시키는데 필요한 최소한의 공기량

㉡ 프로판 1m³ 연소시키는데 필요한 이론 공기량(23.8m³)

㉢ 부탄 1m³ 연소시키는데 필요한 이론 공기량(30.8m³)

5. LPG 자동차 운전자 교육

(1) 교육 대상

교육 대상	시간	교육비	교육주기	비고
LPG 사용 차량을 운전 하고자 하는 자	2	11,000원	최초 1회	LPG차량 소유주라 해도 운전을 하지 않으면 교육대상이 아니며, 소유주와는 상관없이 해당차량을 운전을 하고자 하는 자는 모두 교육대상임

(2) 교육 내용

교육과목	시간	교육내용
구조·기능 및 가스개론	1	LPG 자동차 특성, 연료장치의 구조 및 기능, LPG 특성, LPG 위험성
안전관리	1	연료장치 점검요령, 자동차 관리요령, 응급시 조치요령, 운전자 기본수칙

(3) 교육신청기간 및 관련법규

① 교육신청기간 : LPG차량 구입 후 1개월 이내 또는 LPG차량을 운전하고자 할 때 1개월 이내 한국가스안전공사에 교육신청

② 관련 법규 및 위반 시 조치 사항

㉠ 액화석유가스의 안전관리 및 사업법 제28조(안전교육)

㉡ 동법 시행규칙 제51조 제1항

㉢ 위반 시에는 20만원 이하의 과태료 부과

6. 긴급사태 시 조치요령

(1) 가스 누출 시

① 엔진을 정지시킨다.

② LPG 스위치를 끈다.

③ 트렁크 안에 있는 용기의 연료 출구밸브(적색, 황색) 2개를 잠근다.

④ 필요한 정비를 한다.

(2) 교통사고 발생 시

① LPG 스위치를 끈 후 엔진을 정지시킨다.

② 동행 승객을 대피시킨다.

③ LPG 용기밸브의 출구밸브를 잠근다.

④ 누출부위에 불이 붙었을 경우 재빨리 소화기 또는 물로 불을 끈다.

(3) 응급조치 불가능 시

① 부근의 화기를 제거한다.

② 경찰서, 소방서 등에 신고한다.

③ 차량에서 떨어져서 주변차량 접근을 통제한다.

7. 운전 중 주의사항

① 항상 차 내부에 스며드는 LPG 냄새에 주의한다.

② 여름철 외부 온도가 높은 시간에 장시간 주차할 때는 배관에 남아있는 LPG를 모두 소비하고 용기의 액출밸브를 완전히 잠가야 한다.

③ 충전할 때는 엔진의 구동을 정지하여야 한다.

④ 충전 중에는 절대로 자동차가 이동하지 않도록 제동장치를 확실히 하여야 한다.

⑤ 충전 호스가 연결되어 있는 동안에는 절대로 시동을 걸지 않도록 하여야 한다.

⑥ 라이터 또는 성냥 같은 화기의 사용을 점검하여야 한다.

⑦ 90% 이상의 과충전을 절대로 강요하지 않아야 한다.

⑧ 충전이 끝나도 담당직원의 신호가 있으면 신속히 자동차를 충전 스탠드로부터 이동시켜야 한다.

⑨ 충전이 끝나면 밸브의 조여진 상태를 반드시 확인하여야 한다.

⑩ 충전 중에는 담당 직원의 정당한 지시에 따라야 한다.

8. LPG 차량 관리 요령

(1) 엔진시동 전 점검 사항

① 연료출구밸브는 반드시 완전히 열어준다.

② 비눗물을 사용 각 연결부의 누출이 있는가를 점검하고, 누

출이 있다면 LPG 누설 방지용 씰테이프를 감아준다.

③ 연결부를 너무 과도하게 체결하면 나사부가 파손되므로 주의한다. 또한 누출을 확인할 때에는 반드시 엔진 점화 스위치를 'ON'으로 한다.

④ 배선의 피복 및 점검에 이상이 없는지 또는 스파크를 일으킬 곳이 없는지 점검한다.

(2) 주행 중 준수사항

① LPG차량을 시동할 때는 LPG스위치를 누른 다음, 초크레버를 당기고 클러치 페달을 밟으며 시동을 건다.

② 주행 때는 휘발유 차량보다 500~1000 정도 높은 RPM을 유지한다. 예를 들어 1800CC 휘발유 승용차의 경우는 일반적으로 시속 80km 때 주행 RPM이 2000전후이므로, LPG 승용차는 RPM을 2500~3000 정도로 높이는 것이 좋다.

③ 주행 중에는 LPG 스위치에 손을 대지 않는 것이 좋다. LPG 스위치가 꺼졌을 경우, 엔진이 정지되어 안전운전에 지장을 초래할 우려가 있기 때문이다.

④ 주행상태에서 계속 경고등이 점등되면 바로 연료를 충전한다.

(3) 시동을 끄는 요령

① 시동을 끌 때는 공회전 상태에서 먼저 LPG 스위치를 끈 다음 엔진이 꺼지면 시동스위치를 끈다. LPG 스위치를 먼저 끄는 것은 연료탱크에서 호스로 흘러나온 가스를 완전히 연소시키기 위한 것이다.

② 겨울에는 바로 시동스위치를 끌 경우 호스에 남은 액상가스가 얼어 시동이 잘 안 걸릴 수 있다. 이럴 때는 뜨거운 수건을 호스로 감아 녹이든가, 그래도 안되면 수건을 호스에 감은 뒤 주전자로 뜨거운 물을 붓는다.

(4) LPG 충전방법

① 먼저 시동을 끄고 출구밸브 핸들(적색)을 잠금 후, 충전밸브 핸들(녹색)을 연다.

② LPG 충전 뚜껑을 열어, 퀵커플러를 통해 LPG를 충전시키고 뚜껑을 닫는다.

③ 먼저 충전밸브 핸들을 잠근 후 출구밸브 핸들을 연다.

④ 관련 법상 LPG 용기는 85%만 충전가능하도록 설계되었으므로, 80%만 적정충전한다.

(5) 겨울철 시동요령

① LPG 특성상 겨울철은 시동이 지연될 수 있으며 크랭킹은 1회에 약 10초씩 시동한다. 계속 크랭킹을 하게 되면 배터리가 방전 될 수 있다.

② 이렇게 해도 안될 경우 끓는 물을 이용하여 LPG 봄베, 연료라인, 베이퍼라이저를 따뜻하게 가열한다.

③ 시동 후 계기판 내 엔진온도게이지 눈금이 최소 한 칸 이상 상승 시 운행하여야 한다.

01 교통신호와 안전표지에 대한 설명으로 적절하지 못한 것은?

① 모든 운전자와 보행자는 신호기의 신호에 따라 통행해야 한다.
② 교통안전표지에는 주의표지, 규제표지, 지시표지, 노면표시가 있다.
③ 안전표지관리는 지방경찰청장 또는 경찰서장에게 위임(위탁)되어 있다.
④ 신호기의 신호와 경찰공무원의 신호가 다른 때에는 신호기의 신호에 우선적으로 따른다.

02 신호기의 신호등이 표시하는 뜻으로 맞지 않는 것은?

① 황색등화가 점멸하면 차마는 다른 교통에 주의하면서 진행할 수 있다.
② 보행등의 녹색등화가 점멸하면 보행자는 횡단을 시작할 수 있다.
③ 적색등화가 점멸하면 차마는 일시정지 후 다른 교통에 주의하며 진행 할 수 있다.
④ 적색 X표시의 등화가 점멸하면 차마는 X표가 있는 차로로 진행할 수 없다.

03 도로 가장자리에 정지 하였다가 출발할 때 가장 안전한 운전 방법은?

① 방향지시등을 점등 하자마자 바로 진입한다.
② 방향지시등을 점등하지 않고 빠르게 진입한다.
③ 방향지시등을 점등한 후 천천히 본선으로 진입한다.
④ 방향지시등을 점등하지 않고 도로 중앙으로 진입한다.

04 "움직이는 빨간신호등"이라는 어린이의 행동 특성 중 가장 적절하지 않는 것은?

① 어린이는 키가 작고 시야가 좁다
② 어린이는 여러 가지 일에 집중할 수 있다.
③ 어린이는 모방심리가 강하다.
④ 어린이는 추상적인 말을 이해하지 못한다.

05 전방의 적색신호등이 점멸하고 있을 때 올바른 운전은?

① 좌회전 가능
② 직진 금지
③ 일시정지 후 서행
④ 주의하면서 진행

06 다음 중 신호기의 신호가 녹색화살표로 점등되었을 때의 통행 방법은?

① 우회전만 가능하다.
② 직진 및 좌회전이 가능하다.
③ 직진 및 우회전이 가능하다.
④ 화살표 방향으로 진행이 가능하다.

07 회전교차로의 일반적인 특징은?

① 교통상황 변화로 인한 운전자의 피로가 증가한다.
② 교차로 진입은 고속으로 운영한다.
③ 교차로 진입과 대기에 의한 운전자의 의사결정이 간단하다.
④ 지체시간이 감소하여 연료소모 및 배기가스가 증가한다.

08 고령 보행자의 교통안전 장애요인으로 맞는 것은?

① 위험한 교통상황시 대피능력이 향상된다.
② 시력이 좋아진다.
③ 반사동작이 떨어진다.
④ 청력이 좋아진다.

09 교통안전표지에 대한 설명으로 옳지 않은 것은?

① 노면표시 – 각종 주의 · 규제 · 지시 등의 내용을 노면에 기호, 문자로 표시
② 보조표지 – 주의 · 규제 · 지시표지의 주기능을 보충하는 표지
③ 주의표지 – 도로 통행방법, 통행구분 등 필요한 지시를 하는 표지
④ 규제표지 – 도로교통의 안전을 위하여 통행을 금지하거나 제한하는 표지

10 교차로 황색신호에서의 방어운전 요령은?

① 황색신호일 때는 빨리 교차로를 통과한다.
② 교차로에 진입하여 있을 때 황색신호로 변경되면 그 자리에 멈추어 다음 녹색신호를 기다린다.
③ 교차로 부근에는 무단횡단 보행자 등의 위험요인이 많으므로 가급적 돌발상황에 대비한다.
④ 가급적 딜레마구간에 도달하기 전에 속도를 높여 신호가 변경되어도 신속하게 교차로를 통과한다

11 택시 운전자가 주의해야 하는 상황과 행동이 올바르게 연결된 것은?

① 학교 앞 보행로 : 어린이에게 차량이 지나감을 알릴 수 있도록 경음기를 울리며 지나간다.
② 야간운전 : 야간에 차가 마주보고 진행하는 경우 전조등은 아래로 비추면서 주행한다.
③ 철길 건널목 : 차단기가 내려가고 있는 경우에는 신속히 통과한다.
④ 교차로 : 녹색신호이면 교차로가 정체 중이어도 진입해야 한다.

12 경찰관의 수신호와 신호기의 신호가 서로 다른 때에는?

① 경찰관의 수신호에 따라야 한다.
② 경찰관의 수신호와 신호기의 신호가 일치될 때까지 기다린다.
③ 운전자가 스스로 판단하여 진행한다.
④ 신호기의 신호에 따라야 한다.

13 차량 운행 중 안전한 진로변경 방법이 아닌 것은?

① 직선 길에서 진로변경이 어려운 때에는 커브길에서 진로를 변경한다.
② 차의 실내거울이나 측면 거울을 활용하여 신속, 정확한 판단을 한다.
③ 진로를 변경하고자 하는 때에는 미리 방향지시등을 켠다.
④ 한꺼번에 2개 이상의 차로를 변경하지 않는다.

14 비보호 좌회전을 할 때 주의해야 할 사항으로 잘못된 것은?

① 반대편 차가 정지해 있어도 차 사이로 오토바이가 달려 나올 수 있다.
② 반대편 차가 예상보다 빠를 수 있다.
③ 반대편 차가 속도를 줄여줄 것이라고 기대하면 아니 된다.
④ 반대편 차와 충돌의 위험이 있을 경우에는 전조등으로 신호를 하며 좌회전한다.

15 빗길 운전의 위험성이 아닌 것은?

① 타이어와 노면의 마찰력이 증가하여 정지거리가 짧아진다.
② 운전시야 확보가 곤란하다.
③ 수막현상으로 조향조작 기능이 저하된다.
④ 보행자의 주의력이 약해진다.

16 다음 안전표지의 뜻은?

① 횡단금지 표시   ② 보행금지 표시
③ 어린이 보호 표지   ④ 안전지대 표지

17 다음의 교통안전표지가 의미하는 것은?

① 터널이 있음을 알리는 것
② 과속방지턱이 있음을 알리는 것
③ 노면이 고르지 못함을 알리는 것
④ 철길건널목이 있음을 알리는 것

18 다음 안전표지가 표시하는 것은?

① 앞지르기 금지   ② 최고속도 제한
③ 일방통행표지   ④ 주차장의 위치를 알리는 표지

19 다음 교통안전표지에 대한 설명으로 맞는 뜻은?

① 노면이 미끄럽다.
② 노면이 고르지 못하다.
③ 도로의 한쪽 끝이 추락위험지점이다.
④ 낙석이 떨어질 수 있다.

20 다음 교통안전표지가 뜻하는 것은?

① 자전거 전용도로임을 나타낸 것
② 자전거 통행금지를 나타낸 것
③ 자전거 횡단도를 나타낸 것
④ 자전거 통행이 잦은 지점이 있음을 나타낸 것

21 다음 안전표지의 뜻은?

① 최고속도 제한 표지   ② 최저속도 제한 표지
③ 차간거리 표지   ④ 적재중량 제한 표지

22 다음 안전표지의 의미가 바르게 짝지어진 것은?

㉠	㉡

	㉠	㉡
①	어린이 보호	중앙분리대 끝남
②	어린이 보호	중앙분리대 시작
③	노약자 보호	양측방통행
④	노약자 보호	미끄러운도로

23 다음 노면표시의 뜻은?

어린이
보호구역

① 학교 앞이니 서행 표시
② 학교 앞이니 신속히 진행하라는 표시
③ 어린이 보호구역이니 일시정지 표시
④ 어린이 보호구역이니 서행 표시

24 연료 주입 시 주의할 사항으로 올바르지 않은 것은?

① 불순물이 있는 것은 주입하지 않는다.
② 연료 탱크의 여과망을 통해 주입시킨다.
③ 연료 탱크의 주입구까지 가득 채운다.
④ 화기를 가까이 하지 않는다.

25 연료가 많이 소모되는 경우로 볼 수 없는 것은?

① 타이어의 공기압이 적다.
② 가능한 저단기어를 사용하여 운전한다.
③ 급출발, 급제동 한다.
④ 공기청정기의 필터를 새로 교환했다.

26 엔진 상태와 배기가스 색에 대한 설명 중 틀린 것은?

① 배기가스 색은 엔진 상태와 아무런 관계가 없다.
② 무색이나 담청색일 때는 엔진 상태가 정상 상태이다.
③ 검은 색일 때는 혼합가스가 불완전 연소됨을 나타낸다.
④ 백색일 때는 엔진 오일이 연소됨을 나타낸다.

27 타이어의 마모에 영향을 주는 요소로 보기 힘든 것은?

① 공기압   ② 하중
③ 변속   ④ 브레이크 사용

28 다음 중 타이어를 마모한계(승용차 타이어 = 1.6mm 이하)를 초과하여 사용했을 때 발생되는 현상으로 틀린 것은?

① 급제동 시 제동거리가 길어진다.
② 빗길 주행 시 핸들조작이 용이해진다.
③ 우천으로 도로에 빗물이 고여 있을 때 수막현상이 잘 발생한다.
④ 작은 충격에도 타이어의 손상으로 교통사고를 유발할 수 있다.

29 타이어의 역할이 아닌 것은?

① 자동차의 중량을 떠받쳐 준다.
② 휠의 림에 끼워져서 일체로 회전하며 자동차가 나가거나 멈추는 것을 원활이 해준다.
③ 자동차의 진행방향을 전환하거나 조향안전성을 향상시킨다.
④ 지면으로부터 받은 충격을 흡수하여 승차감을 저하시킨다.

30 고속도로 운행 시 타이어의 공기압 중 맞는 것은?

① 기준값과 같게 한다.   ② 기준값보다 약간 낮게 한다.
③ 20% 낮게 한다.   ④ 기준값보다 20% 높게 한다.

31 페이드 현상에 대한 설명으로 옳은 것은?

① 브레이크 액이 기화하여 페달을 밟아도 유압이 전달되지 않아 브레이크가 작동하지 않는 현상이다.
② 비가 자주 오거나 습도가 높은 날 브레이크 드럼에 미세한 녹이 발생하는 현상이다.
③ 브레이크 마찰재가 물에 젖어 마찰계수가 작아져 브레이크 제동력이 저하되는 현상이다.
④ 브레이크를 반복적으로 사용하여 마찰열이 라이닝에 축적되어 브레이크의 제동력이 저하되는 현상이다.

32 휠(Wheel)의 역할로 맞지 않는 것은?

① 휠은 무거울수록 좋다.
② 자동차의 중량을 지지한다.
③ 노면의 충격과 측력을 견딜 수 있는 강성이 있어야 한다.
④ 구동력과 제동력을 지면에 전달한다.

33 주행 중 차축에 전달되는 충격이나 진동을 완화하여 차체의 요동을 흡수하여 주는 장치는?

① 현가장치   ② 안정장치
③ 동력전달장치   ④ 브레이크 장치

34 엔진 오일 점검방법에 대한 설명으로 적합하지 않은 것은?

① 시동을 끈 상태에서 점검한다.
② 엔진 오일은 주기적으로 교환해 주는 것이 좋다.
③ 일정주기마다 오일 필터와 함께 교환한다.
④ 엔진 오일은 많이 넣을수록 좋다.

35 코너링(Cornering) 시 운전자가 핸들을 조작했을 때 그 조작범위보다 차량 앞쪽이 진행방향의 안쪽(코너 안쪽)으로 더 돌아가려는 현상을 무엇이라 하는가?

① 언더 스티어 (Under Steer)
② 오버 스티어 (Over Steer)
③ 코너링 포스 (Cornering Force)
④ 스티어링 휠 (Steering Wheel)

36 내륜차와 외륜차에 대한 설명 중 틀린 것은?

① 자동차가 전진할 경우 내륜차에 의한 교통사고의 위험이 크다.
② 자동차가 후진할 경우 외륜차에 의한 교통사고의 위험이 크다.
③ 소형자동차일수록 내륜차와 외륜차가 크며, 대형차일수록 작아진다.
④ 차바퀴의 궤적에서 앞바퀴의 안쪽과 뒷바퀴의 안쪽과의 차이를 내륜차라 한다.

정답 23.④ 24.③ 25.④ 26.① 27.③ 28.② 29.④ 30.④ 31.④ 32.① 33.① 34.④ 35.② 36.③

37 정지거리에 영향을 주는 요소 중 도로요인에 해당되는 것은?

① 인지반응속도　　② 타이어의 마모정도
③ 노면상태　　　　④ 운행속도

38 장거리 주행에서 졸음을 쫓는 가장 좋은 방법은?

① 각성제나 피로회복제를 복용한다.
② 운전하면서 눈을 움직인다.
③ 일정시간마다 정차하여 휴식을 취한다.
④ 라디오를 켜고 주행한다.

39 야간에 차량을 운행할 때 하향 전조등만으로 알아보기 가장 쉬운 옷 색깔은?

① 황색　　　　　　② 흰색
③ 적색　　　　　　④ 흑색

40 야간에 서로 교차하는 차가 전조등과 마주칠 때 위치한 물체가 증발하는 현상은?

① 현혹현상　　　　② 증발 현상
③ 암순응 현상　　　④ 명순응 현상

41 음주운전 교통사고의 특징으로 맞지 않는 것은?

① 치사율이 낮다.
② 주차중인 자동차와 같은 정지 물체에 충돌한다.
③ 전신주, 도로시설물 등과 같은 고정된 물체에 충돌한다.
④ 차량단독사고의 가능성이 높다.

42 다음 중 회전교차로의 일반적 특징은?

① 교차로 진입과 대기에 대한 운전자의 의사결정이 간단하다.
② 교차로 진입은 고속으로 운영한다.
③ 교통상황 변화로 인한 운전자의 피로가 증가한다.
④ 지체시간이 감소하여 연료소모 및 배기가스가 증가한다.

43 피곤할 때 운전하면 안 되는 이유로 틀린 것은?

① 반응속도가 떨어진다.
② 주의력이 떨어진다.
③ 반사신경이 이완된다.
④ 긴장상태가 유지된다.

44 코너링(Cornering) 상태에서 구동력이 원심력보다 작아 타이어가 그립의 한계를 넘어서 핸들을 돌린 만큼 선회하지 못하고 코너 바깥쪽으로 밀려나가는 현상을 무엇이라 하는가?

① 언더 스티어 (Under Steer)
② 오버 스티어 (Over Steer)
③ 코너링 포스 (Cornering Force)
④ 스티어링 휠 (Steering Wheel)

45 길어깨(노견, 갓길)와 교통사고에 대한 설명으로 틀린 것은?

① 교통량이 많고 사고율이 높은 구간에 길어깨를 넓히면 교통사고율이 감소한다.
② 교통사고 발생 시 사고차량이나 고장차 등을 주행자로 밖으로 대피시킬 수 있어 2차 교통사고를 방지한다.
③ 차도와 길어깨를 구분하는 노면표시를 하면 교통사고가 감소한다.
④ 길어깨는 포장된 것보다 토사나 자갈, 잔디로 된 비포장도로가 더 안전하다.

46 어두운 터널 등에 들어갈 때 순간적으로 보이지 않는 현상은?

① 증발현상　　　　② 암순응 현상
③ 명순응 현상　　　④ 현혹현상

47 어린이 보호구역(스쿨존)에서 자동차 안전속도는 얼마인가?

① 20km/h 이하　　② 30km/h 이하
③ 40km/h 이하　　④ 50km/h 이하

48 운전상황별 방어운전 요령에 대한 설명으로 잘못된 것은?

① 주행 시 속도조절 : 주행중인 차들과 물 흐르듯 속도 맞춰 주행
② 차간거리 : 다른 차량이 끼어들 경우를 대비하여 앞 차량에 밀착 주행
③ 앞지르기 할 때 : 안전을 확인한 후 허용된 지역에서 지정된 속도로 실시
④ 주행차로의 사용 : 자기차로를 선택하여 가능하면 변경하지 않고 사용

49 음주운전 시 운전에 미치는 위험성이 아닌 것은?

① 속도감이 민감해진다.
② 반응시간이 늦어진다.
③ 신호등, 안전표지 등의 발견이 늦거나 보지 못하게 된다.
④ 운전조작이 난폭해진다.

50 속도와 거리판단에 관한 설명으로 옳지 않은 것은?

① 속도와 거리판단 능력은 사람에 따라 차이가 있다.
② 좁은 도로에서는 실제보다 느리게 느껴지나 주변이 트인 곳에서는 빠르게 느껴진다.
③ 밤이나 안개 속에서는 거리판단이 어렵다.
④ 속도감각은 눈을 통하여 얻어지나 사람의 속도와 거리판단 능력은 정확하지 못하다.

51 스탠딩 웨이브 현상 발생 시와 거리가 먼 것은?

① 타이어 펑크　　　② 타이어 공기압이 낮을 때
③ 속도가 빠를 때　　④ 빗길에서 잘 일어남

52 에어컨을 사용하면 최대 어느 정도의 연료가 더 소비되는가?

① 20%　　　　　　② 10%
③ 30%　　　　　　④ 5%

정답　37.③　38.③　39.②　40.①　41.①　42.①　43.④　44.①　45.④　46.②　47.②　48.②　49.①　50.②　51.④　52.①

53 자동차의 사각지대에 대한 설명 중 맞는 것은?

① 어른들이 어린이보다 더 많이 보이지 않는다.
② 운전자가 차내에 앉아 차체에 의해 보이지 않는 부분이다.
③ 자동차의 사각지대는 좌·우에만 존재한다.
④ 어린이들이 자동차 뒤에 앉아 있으면 더 잘 보인다.

54 교통사고를 유발한 운전자의 특성에 대한 설명으로 틀린 것은?

① 후천적 능력(학습으로 습득한 운전에 관련된 지식과 기능) 부족
② 선천적 능력(타고난 심신기능의 특성) 부족
③ 안정된 생활환경 등
④ 바람직한 동기와 사회적 태도(운전상태의 인지, 판단, 조작 태도) 결여

55 교차로에서 우회전 하고자 할 때 보행자가 횡단보도에서 횡단 중인 경우 가장 안전한 운전 방법은?

① 먼저 우회전 할 수 있다고 판단되면 서둘러 우회전 한다.
② 보행 신호등이 적색이면 무조건 진행한다.
③ 서행하며 보행자를 먼저 보낸다.
④ 보행 신호등이 녹색에서 적색으로 바뀌었어도 보행자의 횡단이 종료될 때까지 정지하여야 한다.

56 교차로에서 좌회전 시 좌회전 신호를 해야 할 시기는?

① 교차로 가장자리로부터 30m 전방
② 좌회전하고자 할 때
③ 교차로 가장자리 바로 직전
④ 교차로 가장자리로부터 10m 전방

57 운전자가 운전 중 DMB 시청으로 인한 위험성으로 볼 수 없는 것은?

① 위험회피능력이 저하된다.
② 전방 주시율이 감소한다.
③ 주의력 저하로 위험인지가 지연된다.
④ 돌발상황 발생 시 평균반응시간이 감소된다.

58 내리막길 안전운전 요령으로 잘못 설명한 것은?

① 내리막길에서는 주브레이크(풋 브레이크)를 사용하여 페이드(Fade) 현상을 예방하며 내려온다.
② 내리막길을 내려가기 전 미리 감속한다.
③ 내리막길을 내려갈 때는 오르막과 동일한 기어 단수를 사용한다.
④ 내리막길을 내려갈 때 불필요하게 감속 또는 급제동을 하지 않는다.

59 다음 중 사고를 많이 일으키는 운전자의 성격 특성이 아닌 것은?

① 자기 중심성이 강하다. ② 기분변화가 극렬하다.
③ 공격적이다. ④ 협조심이 많다.

60 비탈길의 고갯마루 부근에서 지켜야 할 사항으로 가장 타당한 것은?

① 서행 및 경음기 사용 금지
② 일시정지 및 차로변경 금지
③ 일시정지 및 주·정차 금지
④ 서행 및 앞지르기 금지

61 차량 운행 중 안전한 앞지르기 방법으로 틀린 것은?

① 교차로에서는 앞지르기를 하지 않는다.
② 앞차가 앞지르기를 하고 있을 때 앞지르기를 시도한다.
③ 앞차의 오른쪽으로 앞지르기를 하지 않는다.
④ 앞지르기에 필요한 거리를 충분히 확보한 후 앞지르기를 시도한다.

62 커브길에서 사고가 잘 일어나는 이유가 아닌 것은?

① 자동차가 커브를 돌 때 차체에 원심력이 작용하기 때문에
② 커브길에서는 기상상태나 회전속도 등에 따라 차량이 미끄러지거나 전복될 위험이 증가하기 때문에
③ 커브길에서 감속할 경우 차량의 무게중심이 한쪽으로 쏠려 차량의 균형이 쉽게 무너지기 때문에
④ 커브길에서 가속할 경우 큰 마찰력이 발생하기 때문에

63 빙판길에서 차가 미끄러질 때의 운전방법으로 옳은 것은?

① 핸들을 미끄러지는 방향으로 돌리면서 감속한다.
② 핸들을 미끄러지는 반대방향으로 돌리면서 감속한다.
③ 급브레이크를 밟아 신속하게 정지한다.
④ 핸들을 꽉 쥔 상태로 가속하여 신속하게 주행하다.

64 일단정지의 개념으로 가장 올바른 것은?

① 반드시 차가 멈추어야 하는 행위 자체
② 반드시 차가 멈추어야 하되 얼마간의 시간 동안 정지상태를 유지해야하는 교통상황
③ 차가 즉시 정지할 수 있는 느린 속도로 진행하는 것
④ 차의 운전자가 5분을 초과하지 아니하고 정지시키는 것

65 야간 운행 시 안전운전 요령으로 적절치 않은 것은?

① 해가 저물면 곧바로 전조등을 점등한다.
② 보행자의 확인에 더욱 세심한 주의를 기울인다.
③ 전조등이 비치는 곳 보다 앞쪽까지 살펴야 한다.
④ 자동차가 교행할 때는 조명장치를 상향 조정한다.

66 커브길 안전운행 요령으로 맞는 것은?

① 원심력에 의한 자동차의 도로와 이탈사고에 주의한다.
② 빨리 진입해서 천천히 빠져 나가는 요령으로 운전한다.
③ 교통량이 적으면 중앙선에 걸쳐서 운행하는 것이 안전하다.
④ 도로 소음방지를 위하여 경음기는 절대로 울리지 않는다.

67 수막현상에 대한 설명으로 옳지 않은 것은?

① 타이어 공기압이 적을 때 수막현상이 잘 일어난다.
② 타이어 마모가 심할 때 수막현상이 잘 일어나다.
③ 수막현상은 속도와 관계없다.
④ 고속주행 시 수막현상이 잘 일어난다.

68 후미 추돌사고의 원인이 아닌 것은?

① 급제동
② 전방주시 태만
③ 선행 차의 과속
④ 안전거리 미확보

69 자동차 운행과 관련하여 속도에 관한 설명으로 틀린 것은?

① 속도가 빨라지면 시력이 나빠진다.
② 속도가 빨라질수록 전방 주시점은 가까워진다.
③ 충격은 속도의 제곱에 비례하여 커진다.
④ 속도가 빠를수록 시야가 좁아진다.

70 비오는 날의 안전운전에 대한 설명으로 잘못된 것은?

① 타이어가 파열되기 쉽기 때문에 주의해야 한다.
② 비오는 날은 수막현상이 일어나기 때문에 감속 운전해야 한다.
③ 비가 내리기 시작한 직후에는 노면의 흙, 기름 등이 비와 섞여 더욱 미끄럽다.
④ 비오는 날 물 웅덩이를 지난 직후에는 브레이크 기능이 현저히 떨어진다.

71 차량운행에 있어 봄철의 계절별 특성에 해당하는 것은?

① 심한 일교차로 안개가 집중적으로 발생함
② 교통 3대 요소인 사람, 도로환경, 자동차 등 모든 조건이 다른 계절에 비해 열악함
③ 날씨가 따뜻해짐에 따라 사람들 활동이 왕성해짐
④ 다른 계절에 비해 공기가 건조하고, 습도가 매우 높음

72 습도와 기온의 증가로 자동차 운전자와 보행자 모두의 불쾌지수가 높아지고 집중력이 떨어지는 계절은?

① 봄
② 여름
③ 가을
④ 겨울

73 경사진 장소에서의 주차방법으로 맞지 않는 것은?

① 내리막길에는 후진 기어를 넣는다.
② 오르막길에서는 1단 기어를 넣는다.
③ 연석이 있는 도로의 오르막길에서는 핸들을 왼쪽으로 돌린다.
④ 핸드 브레이크를 살짝 당긴다.

74 도로 주행 중 미끄러졌다. 대처방법으로 맞는 것은?

① 핸들을 미끄러진 채로 하고 감속한다.
② 핸들을 미끄러지는 반대쪽으로 돌리고 감속한다.
③ 핸들을 그대로 유지한 후 가속한다.
④ 핸들을 미끄러지는 방향으로 돌리고 감속한다.

75 겨울철 안전운전을 위한 자동차 관리사항으로 보기 힘든 것은?

① 와이퍼 상태 점검
② 월동장구의 점검
③ 부동액 점검
④ 정온기 상태 점검

76 미끄러운 눈길에서 자동차를 정지시키고자 할 때 가장 안전한 제동방법으로 옳은 것은?

① 엔진 브레이크와 핸드 브레이크를 함께 사용한다.
② 풋 브레이크와 핸드 브레이크를 동시에 힘 있게 작용시킨다.
③ 클러치 페달을 밟은 후 풋 브레이크를 강하게 한 번에 밟는다.
④ 엔진 브레이크로 속도를 줄인 다음 서서히 풋 브레이크를 사용한다.

77 차량 운행 중 뒤따르는 차가 너무 가깝게 접근해 올 때의 운전방법으로 가장 옳은 것은?

① 브레이크를 급히 밟는다.
② 브레이크를 여러 번 가볍게 밟아 주의를 환기시킨다.
③ 속도를 급히 높여 뒤차와의 거리를 멀리한다.
④ 비상점멸등을 켜고 주행한다.

78 LPG 자동차의 장점으로 틀린 것은?

① 완전연소되어 발열량이 높다.
② 균일하게 연소되므로 엔진 수명이 길어진다.
③ 배기가스의 독성이 가솔린 보다 적다.
④ 겨울철 시동이 잘 걸리지 않는다.

79 LPG 자동차의 단점에 해당되지 않는 것은?

① 녹킹 현상이 자주 발생한다.
② LPG 충전소가 적다.
③ 겨울철 시동이 잘 걸리지 않는다.
④ 가스누출 시 폭발의 위험성이 있다.

80 LPG의 위험성에 관한 설명으로 틀린 것은?

① LPG가 대기 중에 누출되어 기체가 되면 부피가 250배 정도 감소된다.
② LPG가 누출되면 공기보다 무거워 밸브를 잠그고 방석, 비 등으로 환기하는 방법이 효과적이다.
③ 액화석유가스는 정전기에 의해서도 화재, 폭발할 수 있다.
④ LPG는 공기와 혼합하여 낮은 농도(1.8~9.5%)에서도 화재, 폭발할 수 있다.

81 LPG의 특성을 설명한 것 중 잘못된 것은?

① LPG는 고압가스로서 고압용기 내에 항상 대기압 5.6배 정도되는 압력이 가해져 액체상태로 되어 었다.
② 높은 압력에서 작용하여 밸브를 열면 액체가 강하게 방출되어 작은 틈이라도 가스가 샐 위험이 있다.
③ 기화된 LPG는 공기보다 가벼워 대기 중으로 날아간다.
④ 기화된 LPG는 인화되기 쉽고 인화될 경우 폭발한다.

정답 67.③ 68.③ 69.② 70.① 71.③ 72.② 73.④ 74.④ 75.① 76.④ 77.② 78.④ 79.① 80.① 81.③

82 LPG 충전시 탱크 최대용량의 몇 % 충전이 적정한가?

① 70%　　　　　② 80%
③ 90%　　　　　④ 100%

83 LPG 차량의 연료장치 중 사고 시 연료의 공급을 차단하는 장치는?

① 액체출구밸브
② 기체출구밸브
③ 전자밸브(솔레노이드밸브)
④ 충전밸브

84 LPG 차량의 용기 색깔은?

① 청색　　　　　② 검정색
③ 노란색　　　　④ 회색

85 LPG 자동차의 가스 누출점검 방법에 대한 설명 중 틀린 것은?

① 액체 상태의 가스가 누출될 경우 동상의 위험이 있으므로 손으로 막지 않아야 한다.
② 누출이 확인되면 연료출구밸브를 잠그고 등록된 정비공장에서 정비를 하여야 한다.
③ 누출량이 많은 부위에는 주위에 열을 흡수, 기화하기 때문에 하얗게 서리현상이 발생한다.
④ 가스 누출여부 확인은 검지기 또는 비눗물 등을 사용하여야 하지만 야간에는 조명을 고려하여 라이타 등 화기를 이용하는 것이 편리하다.

86 LPG 용기밸브 핸들의 색상과 용도가 올바르게 짝지어진 것은?

① 적색-액체출구밸브, 녹색-충전밸브
② 황색-액체출구밸브, 적색-충전밸브
③ 녹색-액체출구밸브, 황색-충전밸브
④ 황색-액체출구밸브, 녹색-충전밸브

87 LPG 자동차의 엔진시동 중 점검사항이 아닌 것은?

① 연료출구밸브는 완전히 열어둔다.
② 비눗물로 각 연결부에서 LPG 누출이 있는지 확인한다.
③ 연료 누출 시는 LPG 누설방지용 씰테이프를 감아준다.
④ 자동변속기 차량은 'P'의 위치에서 가속페달을 밟고 시동키로 시동을 건다.

88 다음 중 LPG 차량에 대한 설명으로 올바른 것은?

① 적색의 액체 출구밸브는 연료절약을 위하여 조금만 열고 운행한다.
② 액체출구밸브(적색)는 완전히 개방한 상태로 운행하여야 한다.
③ 가스충전밸브(녹색)는 충전시에 대비하여 항상 개방된 상태로 운행한다.
④ 가스를 충전하기 전에는 이물질이 들어가지 않도록 충전구를 물로 청소한다.

89 LPG자동차 연료공급 방식 중 LPLi에 대한 설명으로 옳지 않은 것은?

① 기화기가 있어 타르를 제거해야 한다.
② 액상의 LPG를 직접 분사하는 방식이다.
③ 휘발유차와 대비했을 때 출력 및 연비효율이 높다.
④ 배기가스도 줄여주는 장점을 가지고 있다.

90 LPG 자동차 운전자 교육의 대상으로 가장 바른 것은?

① LPG 차량 소유주　　② LPG 차량 운전자
③ LPG 차량 소유주와 운전자　　④ 택시운전자

91 LPG 자동차 운전자 교육은 어디에 신청해야 하는가?

① 한국가스안전공사　　② 택시운송조합
③ 국토교통부　　　　　④ 지방경찰청

92 LPG 자동차 운전자 교육을 법에 따라 받지 않을 경우의 행정처분은?

① 과태료 10만원 이하　　② 과태료 20만원 이하
③ 과징금 10만원 이하　　④ 과징금 20만원 이하

93 LPG 자동차 용기에 대한 설명으로 잘못된 것은?

① 자동차 용기밸브에는 용기내부의 압력에 의해 작동되는 압력안전장치가 설치되어 있다.
② 자동차 용기밸브에는 일정량 이상의 충전을 방지하는 긴급차단장치가 내장되어 있다.
③ 액체출구밸브는 일정량 이상의 연료가 유출될 경우 가스유출을 억제하는 과류차단기구가 내장되어 있다.
④ 액체연료 충전시 액팽창에 의한 용기손상을 방지하기 위하여 용적의 85%를 충전한다.

94 LPG 차량의 시동을 끌 때 LPG 스위치를 먼저 끄는 이유로 알맞은 것은?

① 공회전 상태에서 먼저 LPG 스위치를 끈 다음 엔진이 꺼지면 시동 스위치를 끈다.
② 공회전 상태에서 먼저 시동 스위치를 끈 다음 엔진이 꺼지면 LPG 스위치를 끈다.
③ 공회전 상태에서 먼저 LPG 스위치를 끈 다음 곧바로 시동 스위치를 끈다.
④ 공회전 상태에서 먼저 시동 스위치를 끈 다음 곧바로 LPG 스위치를 끈다.

95 LPG 차량과 관련한 주의사항으로 보기 힘든 것은?

① 항상 차 내부에 스며드는 LPG 냄새에 주의한다.
② 충전할 때는 엔진의 구동 상태를 유지하여야 한다.
③ 충전이 끝나면 밸브의 조여진 상태를 반드시 확인하여야 한다.
④ 라이터 또는 성냥 같은 화기로부터의 위험은 없는지 점검하여야 한다.

96 LPG 자동차 엔진 시동 전 점검사항으로 옳지 않은 것은?

① 연료출구밸브는 반드시 닫아준다.
② 비눗물을 사용하여 각 연결부로부터 누출이 있는가를 점검한다.
③ 만일 누출이 있다면 LPG 누설방지용 씰테이프를 감아준다.
④ LPG 누출을 확인할 때에는 반드시 엔진점화스위치를 ON에 위치시킨다.

97 LPG 자동차의 주의사항으로 틀린 것은?

① LPG는 되도록 화기가 없는 밀폐된 공간에서 충전한다.
② 관련법상 LPG 용기의 충전은 85%를 넘지 않도록 한다.
③ 엔진 시동 전 연료출구밸브는 반드시 완전히 열어 둔다.
④ 장기간 주차할 때는 LPG 용기에 있는 연료출구밸브 2개(적색, 황색)를 시계방향으로 돌려 잠근다.

98 가솔린 엔진의 카뷰레터와 동일한 역할을 하는 LPG 차량의 장치는?

① LPG 봄베　　　② 베이퍼라이저
③ 솔레노이드 밸브　④ 드레인 코크

99 겨울철 LPG 차량의 시동이 안 걸릴 경우 끓는 물을 이용하여 온도를 높여주어야 하는곳으로 알맞지 않은 것은?

① LPG 봄베　　　② 연료라인
③ 베이퍼라이저　　④ 믹서

100 LPG 자동차 용기밸브에 장착된 기능에 해당하지 않는 것은?

① 과류방지기능　　② 압력안전장치
③ 액면표시기능　　④ 과충전방지기능

101 연료공급방식 중 혼합기체방식과 액체분사방식의 장·단점에 대해 잘못 설명된 것은?

① 동력성능은 액체분사방식이 더 좋다.
② 액체분사방식은 연료배관 내 압력이 저압으로 안전관리에 유리하다.
③ 혼합기체공급방식은 흡기관을 통한 공급역화 발생이 있다.
④ 혼합기체공급방식은 저온시동성이 나쁘다.

102 다음 LPG 자동차의 가스 누출 시 주의사항 중 잘못된 것은?

① 용기의 안전밸브에서 가스가 누출될 경우 용기에 물을 뿌려 냉각 시킨다.
② 배관에서 가스가 누출될 경우 즉시 앞의 밸브를 잠그고 환기를 시킨 후 누출 부위를 수리한다.
③ LPG는 공기보다 가벼워 누출 시 낮은 곳에 체류하지 않아 특별히 주의할 필요는 없다.
④ 가스누출 부위를 수리한 후 기밀시험을 실시하여 이상이 없는 것을 확인하고 사용한다.

103 LPG 자동차 운행 중 교통사고 및 화재발생 시의 안전한 조치요령으로 적당하지 않은 것은?

① 사고로 차체가 파손된 경우 먼저 LPG 스위치를 차단하고 엔진을 정지시키도록 한다.
② 대형사고가 아닌 단순한 접촉사고일지라도 출발 전에는 연료계통의 누설을 점검하도록 한다.
③ 화재발생 시에는 물이나 소화기 등을 이용하여 화재를 진압하도록 한다.
④ 화재발생 시에는 즉시 승객을 안전하게 대피시키고 LPG 탱크의 취출밸브를 열어 잔여가스를 신속하게 빼는 것이 좋다.

104 LPG 누출 시의 조치방법으로 옳지 않은 것은?

① 즉시 차량을 정지시키고 엔진을 끈다.
② 승객을 즉시 하차시킨다.
③ LPG 탱크의 적색밸브만 잠근다.
④ 누설부위를 확인하고 누설이 중단되지 않을 경우에는 주변의 화기를 없애고 경찰서나 소방서에 긴급연락을 취한다.

105 LPG 충전방법에 대한 설명으로 옳은 것은?

① 출구밸브 핸들(녹색)을 잠근 후 충전밸브 핸들(적색)을 연다.
② 출구밸브 핸들(적색)을 연 후 충전밸브 핸들(녹색)을 잠근다.
③ 출구밸브 핸들(적색)을 잠근 후 충전밸브 핸들(녹색)을 연다.
④ 출구밸브 핸들(녹색)을 연 후 충전밸브 핸들(적색)을 잠근다.

106 LPG 자동차의 가스누출 시 대처순서는?

① 연료출구밸브 잠금 → 기타 필요한 정비 → 엔진 정지 → LPG 스위치 잠금
② 기타 필요한 정비 → 엔진 정지 → LPG 스위치 잠금 → 연료출구밸브 잠금
③ 엔진 정지 → LPG 스위치 잠금 → 연료출구밸브 잠금 → 기타 필요한 정비
④ LPG 스위치 잠금 → 기타 필요한 정비 → 연료출구밸브 잠금 → 엔진 정지

107 LPG 차량 운전자 준수사항에 대한 설명 중 잘못된 것은?

① 액체출구밸브(적색)는 완전히 개방한 상태로 운행하여야 한다.
② 환기구가 밀폐되지 않은 상태에서 운행하여야 한다.
③ 가스충전밸브(녹색)는 충전에 대비하여 항상 개방한 상태에서 운행하여야 한다.
④ LPG 충전 후에는 가스주입구의 분리여부를 확인하고 출발하여야 한다.

정답 96.① 97.① 98.② 99.④ 100.③ 101.② 102.③ 103.④ 104.③ 105.③ 106.③ 107.③

108 LPG 자동차의 안전장치에 대한 설명으로 옳은 것은?

① 용기내부의 압력이 비정상적으로 증가할 경우, 용기의 손상을 방지하기 위한 장치는 과충전방지장치이다.

② 자동차내 가스배관의 파손시 가스누출을 억제하기 위한 장치는 안전밸브이다.

③ 용기에 연료를 충전할 때 역팽창에 의한 용기손상을 방지하기 위하여 과충전방지장치를 설치한다.

④ 기체출구밸브는 용기내 액체부에 접하고 있어 용기내 액체가스를 기체화 하는 기능이다.

109 LPG의 주성분으로 맞는 것은?

① 프로판, 부탄
② 프로판
③ 프레온, 부탄
④ 메탄

110 LPG 자동차의 단점으로 틀린 것은?

① LP가스의 용기가 있어 중량과 장소가 더 필요하다.

② 가솔린에 비하여 LP가스는 가격이 저렴하여 경제적이다.

③ 누설 가스에 차 내에 침입하지 않도록, 완전히 밀폐하여야 한다.

④ 가스 누출 시 폭발의 위험성이 있다.

111 LPG 차량이 사고가 났을 때 조치방법으로 옳지 않은 것은?

① LPG 스위치를 끈 후 엔진을 정지시킨다.
② 승객을 대피시킨다.
③ LPG 밸브를 열고 가스를 뺀다.
④ 누출부위에 불이 붙었을 때는 소화기나 물로 불을 끈다.

112 제동장치의 마찰부가 과열되어 제동력이 저하되는 현상은?

① 베이퍼 록 현상
② 페이드 현상
③ 노킹 현상
④ 오버 히트 현상

113 수막현상에 대한 대응방법 중 맞는 것은?

① 과다 마모된 타이어난 재생타이어 사용을 자제한다.
② 출발하기 전 브레이크를 몇 차례 밟아 녹을 제거한다.
③ 엔진 브레이크를 사용하여 저단기어를 유지한다.
④ 속도를 낮추고 타이어 공기압을 높인다.

114 방어운전의 뜻으로 가장 알맞은 것은?

① 교통법규를 준수하는 운전
② 다른사람의 잘못된 운전으로부터 사고를 예방하는 운전
③ 양보운전
④ 무리한 앞지르기를 하지 않는 운전

115 연료 절약을 위해 정기적으로 청소해줘야 하는 것은?

① 연료필터
② 연료탱크
③ 에어클리너 필터
④ 라디에이터

제 3 편

운송서비스

제3편 운송서비스 핵심정리

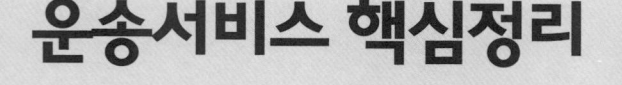

운송서비스

1. 운송사업자의 준수사항 (여객자동차운수사업법 시행규칙 별표4)

(1) 일반적인 준수사항

① 운송사업자는 노약자 · 장애인 등에 대하여는 특별한 편의를 제공해야 한다.

② 운송사업자는 여객에 대한 서비스의 향상 등을 위하여 관할관청이 필요하다고 인정하는 경우에는 운수종사자로 하여금 단정한 복장 및 모자를 착용하게 해야 한다.

③ 운송사업자는 자동차를 항상 깨끗하게 유지해야 하며, 관할관청이 단독으로 실시하거나 관할관청과 조합이 합동으로 실시하는 청결상태 등의 검사에 대한 확인을 받아야 한다.

④ 운송사업자는 운수종사자로 하여금 여객을 운송할 때 다음의 사항을 성실하게 지키도록 하고, 이를 항시 지도 · 감독해야 한다.

  ㉠ 정류소 또는 택시승차대에서 주차 또는 정차하는 때에는 질서를 문란하게 하는 일이 없도록 할 것

  ㉡ 정비가 불량한 사업용자동차를 운행하지 않도록 할 것

  ㉢ 위험방지를 위한 운송사업자 · 경찰공무원 또는 도로관리청 등의 조치에 응하도록 할 것

  ㉣ 교통사고를 일으켰을 때에는 긴급조치 및 신고의 의무를 충실하게 이행하도록 할 것

  ㉤ 자동차의 차체가 헐었거나 망가진 상태로 운행하지 않도록 할 것

⑤ 운송사업자는 다음의 사항을 승객이 자동차 안에서 쉽게 볼 수 있는 위치에 게시하여야 한다. 이 경우 택시운송사업자는 앞좌석의 승객과 뒷좌석의 승객이 각각 볼 수 있도록 2곳 이상에 게시하여야 한다.

  ㉠ 회사명(개인택시운송사업자의 경우는 게시하지 않음), 자동차번호, 운전자 성명, 불편사항 연락처 및 차고지 등을 적은 표지판

  ㉡ 운행계통도(노선운송사업자만 해당)

(2) 자동차(택시)의 장치 및 설비 등에 관한 준수사항

① 택시운송사업용 자동차 안에는 여객이 쉽게 볼 수 있는 위치에 요금미터기를 설치해야 한다.

② 대형(승합자동차를 사용하는 경우 제외) 및 모범형 택시운송사업용 자동차에는 요금영수증 발급과 신용카드 결제가 가능하도록 관련 기기를 설치해야 한다.

③ 택시운송사업용 자동차 안에는 난방장치 및 냉방장치를 설치해야 한다.

④ 택시운송사업용 자동차 윗부분에는 택시운송사업용 자동차임을 표시하는 설비를 설치하고, 빈차로 운행 중일 때에는 외부에서 빈차임을 알 수 있도록 하는 조명 장치가 자동으로 작동되는 설비를 갖춰야 한다. 다만, 고급형 택시는 승객의 요구에 따라 택시의 윗부분에 택시임을 표시하는 설비를 부착하지 아니하고 운행 할 수 있다.

⑤ 대형(택시, 고급형 택시) 및 모범형 택시운송사업용 자동차에는 호출설비를 갖춰야 한다.

⑥ 택시운송사업자는 택시미터기에서 생성되는 택시운송사업용 자동차 운행정보의 수집 · 저장장치 및 정보의 조작을 막을 수 있는 장치를 갖추어야 한다.

⑦ 그 밖에 국토교통부장관이나 시 · 도지사가 지시하는 설비를 갖춰야 한다.

2. 운수종사자의 준수사항

(1) 관련 법규

① 여객자동차운수사업법 제21조 운송사업자의 준수사항

② 여객자동차운수사업법 제26조 운수종사자의 준수사항

(2) 운수종사자의 준수사항

① 운수종사자는 다음 각호에 해당하는 행위를 하여서는 아니 된다.

  ㉠ 정당한 사유 없이 여객의 승차를 거부하거나 여객을 중도에서 내리게 하는 행위

  ㉡ 부당한 운임 또는 요금을 받는 행위

  ㉢ 일정한 장소에 오랜 시간 정차하여 여객을 유치하는 행위

  ㉣ 여객이 승하차하기 전에 자동차를 출발시키거나 승하차할 여객이 있는데도 정차하지 아니하고 정류소를 지나치는 행위

  ㉤ 안내방송을 하지 아니하는 행위(국토교통부령으로 정하는 자동차 안내방송 시설이 설치되어 있는 경우)

  ㉥ 여객자동차운수사업용 자동차 안에서 흡연하는 행위

  ㉦ 휴식시간을 준수하지 아니하고 운행하는 행위

  ㉧ 그 밖에 안전운행과 여객의 편의를 위하여 운수종사자가 지키도록 국토교통부령으로 정하는 사항을 위반하는 행위

② 운수종사자는 운송수입금의 전액을 운송사업자에게 내야 한다.

③ 운수종사자는 차량의 출발 전에 여객이 좌석안전띠를 착용하도록 안내하여야 한다. 이 경우 안내의 방법, 시기, 그 밖에 필요한 사항은 국토교통부령으로 정한다.

3. 택시운수종사자의 준수사항

(1) 관련법규

택시운송사업의 발전에 관한 법률 제16조 택시운수종사자의 준수사항

(2) 택시운수종사자의 준수사항

① 택시운수종사자는 다음 각 호의 어느 하나에 해당하는 행위를 하여서는 아니 된다.

  ㉠ 정당한 사유 없이 여객의 승차를 거부하거나 여객을 중도에서 내리게 하는 행위

  ㉡ 부당한 운임 또는 요금을 받는 행위

  ㉢ 여객을 합승하도록 하는 행위

ⓔ 여객의 요구에도 불구하고 영수증 발급 또는 신용카드 결제에 응하지 아니하는 행위(영수증발급기 및 신용카드결제기가 설치되어 있는 경우에 한정한다)

② 국토교통부장관은 택시운수종사자가 제1항 각 호의 사항을 위반하면 여객자동차 운수사업법에 따른 운전업무 종사자격을 취소하거나 6개월 이내의 기간을 정하여 그 자격의 효력을 정지시킬 수 있다.

③ 위 ②항에 따른 처분의 기준과 절차 등에 관하여 필요한 사항은 국토교통부령으로 정한다.

(3) 택시운전업무 종사자격의 취소 등 처분기준(택시운송사업의 발전에 관한 법률 시행규칙)

위반행위	처분기준		
	1차 위반	2차 위반	3차 이상 위반
① 정당한 사유없이 여객의 승차를 거부하거나 여객을 중도에서 내리게 하는 행위	경고	자격정지 30일	자격취소
② 부당한 운임 또는 요금을 받는 행위	경고	자격정지 30일	자격취소
③ 여객을 합승하도록 하는 행위	경고	자격정지 10일	자격정지 20일
④ 여객의 요구에도 불구하고 영수증 발급 또는 신용카드결제에 응하지 않는 행위(영수증발급기 및 신용카드결제기가 설치되어 있는 경우에 한정)	경고	자격정지 10일	자격정지 20일

응급처치

1. 응급처치의 개념

(1) 응급처치의 정의

응급처치는 위급한 상황으로부터 자기 자신을 지키고 뜻하지 않은 부상자나 환자가 발생했을 때 전문적인 의료행위를 받기 전에 이루어지는 즉각적이고, 임시적인 처치를 말한다.

(2) 응급처치의 실시범위

응급처치는 어디까지나 전문적인 치료를 받기 전까지의 즉각적이고 임시적인 적절한 처지와 보호를 하는 것이므로 다음의 사항을 준수해야 한다.
① 처치요원 자신의 안전을 확보
② 환자나 부상자에 대한 생사의 판정은 금물
③ 원칙적으로 의약품을 사용하지 않음
④ 어디까지나 응급처치로 그치고 그 다음은 전문 의료요원의 처치에 맡김

(3) 응급처치의 일반적인 원칙

① 신속하고 조용하며 질서 있게 처치할 것
② 긴급 처치하여야 할 것
③ 의사 또는 구급차를 부르거나 연락원을 보낼 것
④ 쇼크 예방에 힘쓸 것
⑤ 신체의 모든 손상 부위를 발견하도록 힘쓸 것

2. 부상별 응급처치 요령

(1) 창상

① 창상이란 신체의 조직이 손상된 상태로 주로 피부 및 점막이 손상된 것을 말한다.
② 창상은 그 원인 및 형태에 따라 찰과상, 절창, 열창, 자창의 4가지로 나눈다.
③ 출혈이 심하지 않은 경우 응급처치요령
　㉠ 기본적인 처치는 병균의 침입을 막아 감염을 예방하는 것이다.
　㉡ 상처를 손이나 깨끗하지 않은 헝겊으로 함부로 건드리지 말고, 엉키어 뭉친 핏덩어리를 떼어내지 말아야 한다.
　㉢ 흙이나 더러운 것이 묻었을 때는 깨끗한 물로 상처를 씻어준다.
　㉣ 소독된 거즈를 상처에 대고 드레싱을 한다.
④ 출혈이 심한 경우
　㉠ 즉시 지혈을 하고 출혈 부위를 높게 하여 안정되게 눕힌다.
　㉡ 출혈이 멎기 전에는 음료를 주지 않는다.
　㉢ 지혈방법 : 직접압박, 지압법, 지혈대 사용

(2) 골절

① 골절은 뼈가 부러지거나 금이 간 것을 말하며, 단순골절과 복잡골절로 나눌 수 있다.
② 응급처치시 주의 사항
　㉠ 다친 곳을 건드리거나 부상자를 함부로 옮기면 안 된다.
　㉡ 쇼크(충격)을 받을 우려가 있으므로 이에 주의한다.
　㉢ 복잡골절에 있어 출혈이 있으면 직접압박으로 출혈을 방지하고, 만약 출혈이 심하면 지압법으로 지혈한다.

(3) 탈구

① 관절이 어긋나 뼈가 제자리에서 물러난 상태를 탈구라 한다.
② 응급처치요령
　㉠ 부상한 부위를 될 수 있는 한 편하게 하고, 냉찜질을 하여 아픔을 가라앉히고 부종을 막아야 한다.
　㉡ 충격에 대한 응급처치를 한다.
　㉢ 슬(무릎)관절 탈구부상자에게는 배개 등으로 부상당한 다리의 무릎 밑을 괴어준다.

(4) 염좌

① 직접 또는 간접적으로 폭력이 관절에 작용하였을 때 생기는 손상으로, 무리한 관절운동으로 인하여 관절을 유지하고 있는 인대가 부분적 혹은 전면적으로 손상되는 수가 있다.
② 응급처치요령
　㉠ 염좌된 부위가 손목이면 팔걸이를 하여 고정, 발목이면 환자를 눕히고, 환자를 안정시킨다.
　㉡ 여러 시간 또는 치료받을 때까지 상처부위에 냉찜질을 한다.
　㉢ 만약 염좌가 심하면 전문의료요원이 도착할 때까지 움직이지 않도록 한다.

3. 부상자 관찰

부상자는 다음 표에 의거 부상자의 의식상태, 호흡상태, 출혈상태, 구토상태 및 신체상태에 대하여 관찰하여야 한다.

부상자의 상태	관찰방법	필요한 조치
의식상태	• 말을 걸어본다. • 팔을 꼬집어 본다.	• 의식이 있을 때 : '괜찮다. 별일 없다. 구급차 곧 온다'고 하여 안심 시킨다. • 의식이 없을 때 : 기도 확보
호흡상태	• 가슴이 뛰는지 살핀다. • 뺨을 부상자의 입과 코에 대어 본다. • 맥을 짚어 본다.	• 호흡이 없을 때 : 인공 호흡 • 맥박이 없을 때 : 인공 호흡과 심장 마사지
출혈상태	• 어느 부위에서 어느 정도 출혈하는지 본다.	• 지혈 조치
구토상태	• 입 속에 오물이 있나 살펴본다.	• 기도 확보
신체상태	• 신체의 일부가 변형되어 있지 않은가를 본다. • 국부에 강한 통증을 호소하고 있지 않은가를 본다.	• 변형이 있을 때 움직이지 않게 한다. • 강한 통증의 호소 시 원인을 확인 조치한다.

4. 부상자의 체위관리

① 의식 있는 부상자는 직접 물어보면서 가장 편안하다고 하는 자세로 눕힌다.
② 의식이 없는 부상자는 기도를 개방하고 수평자세로 눕힌다.
③ 얼굴색이 창백한 경우는 하체를 높게 한다.
④ 토하고자 하는 부상자는 머리를 옆으로 돌려준다.
⑤ 가슴에 부상을 당하여 호흡을 힘들게 하는 부상자인 경우에는 호흡하기가 한결 쉬워지게 하기 위하여 예외로서 부상자의 머리와 어깨를 높여 눕힌다.

5. 심폐소생술(구조호흡법)

(1) 구조 호흡이 필요한 경우

① 익사로 인하여 호흡이 필요한 경우
② 감전으로 인하여 호흡이 정지된 경우
③ 가스 중독이나 연탄가스 등으로 호흡이 정지된 경우
④ 알코올, 수면제, 아편 등 마약으로 인한 신경마비로 호흡이 정지된 경우

(2) 소생술의 기본 과정

기도개방 → 인공호흡 → 가슴압박

(3) 구보호흡의 방법

① 입안을 조사하여 이물질이 있으면 손가락으로 제거해낸 다음, 헝겊으로 혓바닥을 눌러서 앞으로 당긴다.
② 환자의 목과 어깨부분의 밑을 처치원의 무릎이나 또는 모포따위로 받치고 머리를 뒤로 젖혀 기도가 열리게 한다.
③ 환자의 입을 처치원의 입으로 완전히 덮고 한 손으로는 환자의 코를 쥐어 막으며, 입김을 천천히 불어넣은 다음에 입을 뗀다.
④ 입을 때면 허파에 들어갔던 공기가 나오게 되는데, 이때에 다른 한 손으로 환자의 상복부를 눌러줌으로써 허파 속의 공기를 더욱 많이 나오게 한다.
⑤ 이러한 동작을 어른에게는 1분간 12회, 어린이에게는 20회 정도로 반복한다.

택시운전자를 위한 기초회화

🚕 영어 회화

(1) 어서 오십시오.

Welcome!

웰컴

(2) 안녕하십니까?

① 오전 : Good morning.

굿 모닝

② 오후 : Good Afternoon.

굿 애프터눈

③ 저녁 : Good evening.

굿 이브닝

(3) 어디로 모실까요?

남자 : Where to, sir?

웨어 투 써

여자 : Where to ma'am(miss)?

웨어 투 맴, 미스

(4) 서울역으로 데려다주세요.

Please take me to Seoul Station.

플리즈 테이크 미 투 서울 스테이션

(5) 네, 알겠습니다.

Yes, sir (ma'am, miss).

예스 써 – (맴, 미스)

(6) 다 왔습니다 (도착했습니다).

Here we are, sir.

히어 위 아 써

(7) 요금은 얼마입니까?

How much is the fare?

하우 머치 이즈 더 페어

(8) 거스름 돈 여기 있습니다.

Here is your change.

히어 이즈 유어 체인지

(9) 잠시만 기다려 주십시오.

Wait a moment.

웨잇 어 모먼트

(10) 무엇을 도와드릴까요?

May I help you? = What can I do for you?

메이 아이 헬프 유 왓 캔 아이 두 포 유

(11) 한국에 오신 것을 환영합니다.

Welcome to Korea.

웰컴 투 코리아

🚕 일어 회화

(1) 어서 오십시오.

いらっしゃいませ。

이랏사이마세

(2) 안녕하십니까?

① 오전 : おはようございます。

오하요 고자이마스

② 오후 : こんにちは。

곤니찌와

③ 저녁 : こんばんは。

곰방와

(3) 어디로 모실까요?

どこに仕えましょうか。

도코니 츠카에마 쇼오카

(4) 서울역으로 데려다주세요.

ソウル駅に連れて行ってください。

소오루에끼니 츠레테잇 데쿠다사이

(5) 네, 알겠습니다.

はいわかりました。

하이, 와카리마시다

(6) 다 왔습니다 (도착했습니다).

そろそろ着きました。

소로소로–츠끼마시다

(7) 요금은 얼마입니까?

料金はいくらですか。

료오킹와 이꾸라데스까

(8) 거스름 돈 여기 있습니다.

はい、おつりです。

하이 오쯔리데스

(9) 잠시만 기다려 주십시오.

しょうしょう お待ちください。

쇼오쇼오 오마치 쿠다사이

(10) 무엇을 도와드릴까요?

おてつだい しましょうか。

오데쯔다이 시마쇼–까

(11) 한국에 오신 것을 환영합니다.

韓国へようこそ。

캉꼬쿠에 요–꼬소

🚕 중국어 회화

(1) 어서 오십시오.

欢迎光临。

환잉광린

(2) 안녕하십니까?

您好?

닌 하오

(3) 어디로 모실까요?

您去哪里?

닌 취 나리

(4) 서울역으로 데려다주세요.

去首尔站。

취 소우얼짠

(5) 네, 알겠습니다.

好,知道了。

하오 쯔따오러

(6) 다 왔습니다 (도착했습니다).

到了。

따오러

(7) 요금은 얼마입니까?

多少钱?

두어 사오 치엔

(8) 거스름 돈 여기 있습니다.

找给您钱。

자오 게이닌 치엔

(9) 잠시만 기다려 주십시오.

请稍等一下。

칭 사오덩 이씨아

(10) 무엇을 도와드릴까요?

您需要帮忙呢?

닌 쉬야오 방망 마

(11) 한국에 오신 것을 환영합니다.

欢迎您来到韩国。

환잉닌 라이따오 한궈

(12) 어디서 오셨습니까?

Where are you from?
웨어 아 유 프롬

(13) 영어를 할 줄 아십니까?

Can you speak English?
캔 유 스피크 잉글리쉬

(14) 예, 조금 합니다.

Yes, a little.
예스 어 리틀

(15) 영어를 조금밖에 못합니다.

I can speak only a little English.
아이 캔 스피크 온리 어 리틀 잉글리쉬

(16) 어디를 찾으십니까?

Where are you going, sir(ma'am)?
웨어 아 유 고잉 써(맴)

(17) 안내해 드리죠.

Let me take you there.
렛 미 테이크 유 데어

(18) 고맙습니다.

Thank you very murh.
땡큐 베리 머치

(19) 실례합니다.

Excuse me.
익스큐즈 미

(20) 미안합니다.

I am sorry.
아이 엠 쏘리

(21) 인천(김포)공항으로 가주세요.

Incheon (Gimpo) airport please.
인천 (김포) 에어포트 플리즈

(22) 곧 도착합니다.

We are getting there soon.
위 아 게팅 데어 순

(23) 좋은 하루 보내십시오.

Have a nice day.
해브 어 나이스 데이

(24) 안녕히 가십시오.

Good-bye
굿 바이

---

(12) 어디서 오셨습니까?

どこから いらっしゃいましたか。
도코까라 이랏샤이마시타까

(13) 영어(일어)를 할 줄 아십니까?

えいご(にほんご)か できますか？
에이고(니홍고)가 데까마스까

(14) 예, 조금 합니다.

はい、すこし できます。
하이 스꼬시 데끼마스

(15) 영어를 조금밖에 못합니다.

えいごは少し しか できません。
에이고오와 스꼬시시카 데끼마셍

(16) 어디를 찾으십니까?

どこを おさがしですか。
도꼬오 오사가시데스카

(17) 안내해 드리죠.

ご案内 しましょう。
고안나이 시마쇼오

(18) 고맙습니다.

ありがとうございます。
아리가또- 고자이마스

(19) 실례합니다.

しつれいします。
시츠레이시마스

(20) 미안합니다.

すみません。
스미마셍

(21) 인천(김포)공항으로 가주세요.

仁川(金浦)空港まで行ってください。
인천(김포) 쿠-꼬-마데 잇데쿠다사이

(22) 곧 도착합니다.

すぐ到着いたします。
스구 토오차쿠이타시마스

(23) 좋은 하루 보내십시오.

よい一日を。
요이이찌니치오

(24) 안녕히 가십시오.

さようなら。
사요-나라

---

(12) 어디서 오셨습니까?

您从哪里来?
닌 총 나리 라이

(13) 영어(중국어)를 할 줄 아십니까?

会说英语(中语)吗?
후이 수어 잉위(중원) 마

(14) 예, 조금 합니다.

是，会说一点。
쓰, 후이 수어 이디엔

(15) 영어를 조금밖에 못합니다.

我只会说一点英语。
워 즈후이 수어 이디엔 잉위

(16) 어디를 찾으십니까?

您去哪里?
닌 취 나리

(17) 안내해 드리죠.

我带您过去吧。
워 따이 닌 꿔취 바

(18) 고맙습니다.

谢谢。
쎼쎼

(19) 실례합니다.

不好意思 = 打扰一下。
뿌하오이스 = 다리오 이씨아.

(20) 미안합니다.

对不起。
뚜이뿌치

(21) 인천(김포)공항으로 가주세요.

去仁川(金浦)机场。
취 런추안(진푸) 지창

(22) 곧 도착합니다.

快到了。
콰이 따오러

(23) 좋은 하루 보내십시오.

祝您愉快。
쭈닌 위콰이

(24) 안녕히 가십시오.

再见。
짜이찌엔

01 운송사업자의 일반적 준수사항 설명이 잘못되어 있는 것은?

① 운송사업자는 13세 미만의 어린이에 대해서는 특별한 편의를 제공해야 한다.
② 운송사업자는 관할관청이 필요하다고 인정되는 경우 운수종사자로 하여금 단정한 복장 및 모자를 착용해야 한다.
③ 운송사업자는 자동차를 항상 깨끗하게 유지하여야 하며, 관할관청이 실시하거나 관할관청과 조합이 합동으로 실시하는 청결상태 등의 확인을 받아야 한다.
④ 운송사업자는 회사명, 자동차번호, 운전자 성명, 불편사항 연락처 및 차고지 등을 적은 표지판이나 운행계통도 등을 승객이 자동차 안에서 쉽게 볼 수 있는 위치에 게시하여야 한다.

02 운수종사자의 준수사항으로 옳지 않은 것은?

① 다른 여객에게 위해를 끼치거나 불쾌감을 줄 우려가 있으므로 전용 운반상자에 넣은 애완동물을 데리고 있는 경우 승차를 거부한다.
② 질병·피로·음주나 그 밖의 사유로 안전한 운전을 할 수 없을 때에는 그 사정을 해당 운송사업자에게 알린다.
③ 운행 중 중대한 고장을 발견할 경우 즉시 운행을 중지하고 적절한 조치를 해야 한다.
④ 일정한 장소에 오랜 시간 정차하여 여객을 유치하는 행위를 하면 안 된다.

03 운수종사자의 준수사항이 명시되어 있는 법은?

① 자동차관리법
② 교통사고특례법
③ 여객자동차운수사업법
④ 도로교통법

04 운수종사자가 지켜야 할 사항으로 보기 어려운 것은?

① 운전업무 중 당해 도로에 이상이 있었던 경우에는 발견 즉시 다음 운전자에게 이를 알려야 한다.
② 자동차 운행 중 중대한 고장을 발견하거나 사고가 발생할 우려가 있다고 인정되는 때에는 즉시 운행을 중지하고 적절한 조치를 하여야 한다.
③ 질병·피로·음주 기타의 사유로 안전한 운전을 할 수 없는 때에는 그 취지를 당해 운송사업자에게 알려야 한다.
④ 여객의 안전과 사고예방을 위하여 운행 전 사업용자동차의 안전설비 및 등화 장치등의 이상 유무를 확인하여야 한다.

05 여객자동차운수사업법상의 운수종사자 준수사항을 1차 위반한 경우의 행정처분은?

① 과태료 10만원
② 과태료 20만원
③ 과태료 30만원
④ 과태료 40만원

06 여객자동차운수사업법상의 운수종사자 준수사항에 해당되지 않은 것은?

① 정당한 이유 없이 여객의 승차를 거부하거나 여객을 중도에서 내리게 하는 행위
② 일정한 장소에서 장시간 정차하여 여객을 유치하는 행위
③ 자동차의 문을 완전히 닫지 아니한 상태에서 출발 또는 운행하는 행위
④ 교통관련법규를 준수하지 아니하고 운전을 하는 행위

07 다음 중 운수종사자가 승객을 맞이하는 자세로써 가장 옳은 것은?

> (가) 운행 중 손님에게 친절하게 응대하기
> (나) 일본손님에게 요금 요구시, 화폐단위인 '원'을 '엥'으로 발음하기
> (다) 손님 승하차시 엄숙한 표정 짓기
> (라) 상냥하게 행선지와 목적을 물어보기

① (다), (라)
② (나), (라)
③ (가), (라)
④ (가)

08 택시운전종사자에 대한 승객의 불만사항이 아닌 것은?

① 부당요금 징수
② 승차거부
③ 불친절
④ 영수증 발급

09 안전운행을 위한 택시 운전자의 올바른 자세로 알맞은 것은?

① 다른 운전자들보다 항상 내가 완벽한 운전자임을 과신한다.
② 승객의 급한 요구가 있을 때는 교통법규를 지키지 않아도 된다.
③ 다른 운전자의 양보가 없다면 스스로도 양보하지 않는다.
④ 타인의 생명을 자신의 생명과 같이 존중한다.

10 택시에 설치된 표시등의 역할로 틀린 것은?

① 자가용 승용차와 구별하는 역할
② 고급스럽게 보이게 하기 위한 역할
③ 야간에 승객이 쉽게 알아 볼 수 있는 역할
④ 택시임을 알리는 역할

11 다음 중 택시운전자가 가져야 할 마음자세로 볼 수 없는 것은?

① 승객에게 친절하게 대하는 마음
② 승객보다 회사의 수입을 우선시하는 마음
③ 교통법규를 지키려는 마음

정답 **01.**① **02.**① **03.**③ **04.**① **05.**② **06.**④ **07.**④ **08.**④ **09.**④ **10.**② **11.**②

④ 항상 안전운행에 주의를 기울이는 마음

12 택시운전종사자의 근무자세 중 가장 바람직한 것은?

① 손님의 승하차 시 엄숙한 표정 짓기
② 손님의 무거운 짐을 싣고 내릴 때 거들어주기
③ 운행 전 요금미터기 작동시키기
④ 차내 습득한 물건은 항상 연락 올 때까지 직접 보관하기

13 택시 요금체계에 관한 설명 중 다음 ( )에 들어갈 말로 알맞은 것은?

> 일정한 거리까지는 ( )요금, 그 이후는 ( )에 따라
> 요금이 부과되고, ( )에 따라 추가요금이 부과된다.

① 기본, 거리, 시간　　② 시간, 기본, 거리
③ 거리, 기본, 시간　　④ 기본, 시간, 거리

14 다음 중 승객에 대한 접객요령을 순서대로 바르게 연결한 것은?

① 인사 → 코스안내 → 하차안내 → 목적지확인 → 요금확인 → 인사
② 인사 → 목적지확인 → 코스안내 → 하차안내 → 요금확인 → 인사
③ 코스안내 → 인사 → 목적지확인 → 요금확인 → 하차안내 → 인사
④ 목적지확인 → 인사 → 하차안내 → 코스안내 → 요금확인 → 인사

15 다음 중 운수종사자의 운전 전 대기자세로 틀린 것은?

① 좌석에 앉아 있는 경우에도 바른 자세를 유지한다.
② 밝은 표정으로 고객을 기다린다.
③ 차량은 정해진 장소에서 질서 있게 대기한다.
④ 담배냄새나 불쾌한 냄새가 나더라도 창문을 닫고 기다린다.

16 원활한 교통소통을 위해 택시운전자가 준수해야 할 사항으로 거리가 먼 것은?

① 규정속도의 준수
② 택시내부의 청결 유지
③ 진로 양보
④ 차간 안전거리 확보

17 택시운전 금지사항에 속하지 않는 것은?

① 충분한 휴식을 취하고 운전하였다.
② 피로한 상태에서 운전하였다.
③ 술을 마시고 운전하였다.
④ 감기약을 먹고 운전하였다.

18 택시 운수종사자가 승차거부에 해당되지 않는 것은?

① 승객을 운송 중에 있는 차가 다른 승객의 승차를 거부할 때
② 승객을 골라 태울 때
③ 거리가 멀어서 가지 않을 때
④ 운전자가 가고 싶지 않아서 가지 않을 때

19 택시운전자의 승객에 대한 서비스 자세로 알맞은 것은?

① 승객의 인격을 존중하는 자세
② 승객의 이야기를 무시하는 자세
③ 승객의 요청을 묵살하는 자세
④ 승객의 태도를 훈계하는 자세

20 도로를 운행하는 자동차 교통질서를 보면 그 나라 ( )를(을) 알 수 있다. ( ) 안에 적합한 말은?

① 교통경찰관의 정신자세
② 교통관련 법규
③ 국민의 준법정신
④ 경제발전 정도

21 택시 청결을 항상 유지해야 하는 이유로 가장 알맞은 것은?

① 회사의 규칙을 준수하기 위하여
② 승객에게 많은 요금을 받기 위하여
③ 승객에게 쾌적함을 제공하기 위하여
④ 승객에게 안정감을 제공하기 위하여

22 다음 중 운전자가 가져야 할 기본적인 자세로 올바르지 않은 것은?

① 매사에 냉정하고 침착한 자세로 운전한다.
② 여유 있고 양보하는 마음으로 운전한다.
③ 도로 상황은 가변적인 만큼 추측 운전이 중요하다.
④ 자신의 운전기술을 과신하지 말아야 한다.

23 여객자동차운수사업법상 택시운전자의 승차거부에 대한 위반 회수별 과태료 부과기준으로 옳은 것은?

① 1회 - 10만원, 2회 - 10만원, 3회 - 10만원
② 1회 - 20만원, 2회 - 20만원, 3회 - 20만원
③ 1회 - 10만원, 2회 - 15만원, 3회 - 20만원
④ 1회 - 20만원, 2회 - 30만원, 3회 - 50만원

24 여객자동차운수사업법상 택시운전자가 택시 내에서 흡연을 하여 1회 적발된 경우 과태료 부과 기준은?

① 과태료 5만원
② 과태료 10만원
③ 과태료 15만원
④ 과태료 20만원

25 택시운송사업의 발전에 관한 법률상 정당한 사유없이 여객의 승차를 거부하거나 여객을 중도에서 내리게 하는 행위를 3차 이상 한 경우 운전자에 대한 자격취소처분은?

① 경고　　　　　　② 자격정지 10일
③ 자격정지 30일　　④ 자격취소

26 택시의 경우 정기점검을 얼마 만에 받아야 하는가?

① 3개월　　　　　　② 6개월
③ 12개월　　　　　④ 24개월

27 교통사고로 인한 사상자에 대한 조치사항으로 볼 수 없는 것은?

① 승객의 유류품 보관
② 사고 현장 방치 및 이탈
③ 신속한 부상자 후송
④ 부상 승객에 대한 응급조치

28 운행 중 장애인 승객이 하차하고자 하는 위치가 정차금지 구역일 경우 가장 올바른 조치는?

① 정차금지구역이므로 정차할 수 없다.
② 선진국은 장애인 탑승차량에 대해 주정차금지 구역일지라도 정차할 수 있기 때문에 우리도 그렇게 한다.
③ 택시 승강장에서만 내려준다.
④ 정차금지구역을 지난 가장 가까운 장소에 내려주며 안전한 하차를 돕는다.

29 승객만족을 위한 기본예절에 대한 설명으로 아닌 것은?

① 승객에 대한 관심을 표현함으로써 승객과의 관계는 더욱 가까워진다.
② 예의란 인간관계에서 지켜야할 도리이다.
③ 승객에게 관심을 갖는 것은 승객으로 하여금 회사에 호감을 갖게 한다.
④ 승객을 존중하는 것은 돈 한 푼 들이지 않고 승객을 접대하는 효과가 있다.

30 승객을 위한 행동예절 중 "인사의 의미"에 대한 설명으로 틀린 것은?

① 인사는 서비스의 첫 동작이다.
② 인사는 서비스의 마지막 동작이다.
③ 인사는 서로 만나거나 헤어질 때 "말"로만 하는 것이다.
④ 인사는 존경, 사랑, 우정을 표현하는 행동 양식이다.

31 다음 중 운전정밀검사에 대한 설명으로 틀린 것은?

① 신규검사와 특별검사로 구분한다.
② 운전희망자가 최초로 받는 검사를 신규검사라 한다.
③ 사업용 차량 운전희망자는 운전정밀검사를 받아야 한다.
④ 자가용 무사고 운전 10년 이상인 자는 면제 대상이다.

32 다음 중 사업용 택시운전자가 근무 중 반드시 휴대해야 하는 것은?

① 범칙금 통과서
② 운전면허증과 택시운전자격증
③ 소속회사의 명함
④ 의료보험증

33 택시운전자의 서비스와 관계가 없는 사항은?

① 단정한 복장   ② 고객서비스 정신 유지
③ 친절한 태도   ④ 회사의 수익 확대

34 다음 중 운행 전 점검 및 준비사항과 거리가 먼 것은?

① 단정한 복장, 밝은 미소, 안정된 마음가짐
② 차량 청결상태 확인
③ 거스름돈 및 교통 통제구간 확인
④ 고객이 탑승하기 전 차내에서 흡연으로 마음을 정리한다.

35 택시기사가 응대하는 방법 중 틀린 것은?

① 인사한다.   ② 행선지를 묻는다.
③ 주행코스를 묻는다.   ④ 가는 목적을 묻는다.

36 다음 중 택시 친절 서비스와 거리가 먼 것은?

① 승객과의 만남에서 밝은 미소로 인사한다.
② 택시 내에서는 금연한다.
③ 승객들 간의 대화에는 얼른 끼어들어 친목을 도모한다.
④ 쾌적한 용모, 차량 청결을 유지한다.

37 택시운수종사자의 금지행위에 속하지 않는 것은?

① 부당한 요금을 받는 행위
② 긴급구호자 운송 중 승객의 승차를 거부하는 행위
③ 운행 중 여객을 중도에 내리게 하는 행위
④ 차문을 완전히 닫지 않은 상태에서 차를 출발시키는 행위

38 운수종사자가 택시를 이용하려는 승객에게 행선지를 물어보기에 적절한 시기는?

① 승차 전   ② 승차 후 출발 직전
③ 승차할 때   ④ 주행 중

39 술에 취한 승객이 횡설수설한다. 이에 대한 바람직한 처리 태도는?

① 주변 경찰서로 데려가 인계한다.
② 취객과 분위기를 맞춰 가며 대화한다.
③ 바로 하차시킨다.
④ 아무 대꾸를 하지 않는다.

40 택시운전자가 응급환자 수송 등 긴급상황에서도 면책되지 않는 것은?

① 차선위반   ② 속도위반
③ 신호위반   ④ 교통사고

41 운전자가 삼가야 하는 행동으로 맞지 않는 것은?

① 지그재그 운전으로 다른 운전자를 불안하게 만드는 행동은 하지 않는다.
② 정체가 될 경우에는 갓길로 통행한다.
③ 도로상에서 사고가 발생한 경우 차량을 세워 둔 채로 시비, 다툼 등의 행위로 다른 차량의 통행을 방해하지 않는다.
④ 신호등이 바뀌기 전에 빨리 출발하라고 전조등을 켰다 껐다하거나 경음기로 재촉하는 행위를 하지 않는다.

42 택시는 승객의 ( )를 위하여 일시적으로 버스전용차로로 통행할 수 있으나 이 경우 ( )가 끝나는 즉시 전용차로를 벗어나야 한다. ( ) 안에 들어갈 용어는?

① 승 · 하차
② 승차
③ 하차
④ 개인용무

43 택시운전자가 중상자 3명의 교통사고를 낸 경우 받아야 할 교육은 무엇인가?

① 교통소양교육
② 정신교육
③ 교통안전교육
④ 특별교육

44 차량 운행 중 차선변경 시 방향지시등은 의사표시로써 다음의 절차가 반드시 필요한데, 그 절차로 가장 알맞은 것은?

① 행동 – 확인 – 예고
② 예고 – 확인 – 행동
③ 확인 – 예고 – 행동
④ 예고 – 행동 – 확인

45 여객자동차 운전자의 "복장의 기본원칙"이다. 잘못된 것은?

① 깨끗하게. 단정하게.
② 통일감 있게. 규정에 맞게.
③ 품위 있게. 계절에 맞게.
④ 편한 신발을 신되, 샌들이나 슬리퍼도 신어도 된다.

46 택시운전자가 일상점검을 해야 할 시기로 적절한 것은?

① 운행 종료 후
② 도로 주행 중
③ 틈나는 대로
④ 운행 시작 전

47 택시 운수종사자의 자세 중 올바르지 않은 것은?

① 미소와 밝은 인사로 맞이한다.
② 고객의 목적지를 다시 한번 확인한다.
③ 무거운 짐이 있으면 싣고 내릴 때 거들어 준다.
④ 골목길은 불편하므로 무조건 들어가지 않는다.

48 승객을 맞이하기 위한 운수종사자의 자세가 아닌 것은?

① 신뢰감을 주는 차림새 갖추기
② 세심한 배려의 태도로 다가가기
③ 고객에 대한 무관심한 반응 보이기
④ 친절함을 표현하는 미소 짓기

49 응급처치에 대한 설명으로 올바르지 않은 것은?

① 환자나 부상자의 보호를 통해 고통을 덜어주는 것
② 의약품을 사용하여 환자나 부상자를 치료하는 행위
③ 전문적인 의료행위를 받기 전에 이루어지는 처치
④ 즉각적이고, 임시적인 적절한 처치

50 응급처치의 실시범위에 대한 설명으로 틀린 것은?

① 처치요원 자신의 안전을 확보
② 환자나 부상자에 대한 생사의 판정은 금물
③ 전문의료원에 의한 처치
④ 원칙적으로 의약품을 사용하지 않음

51 교통사고 현장에서 부상자 구호조치에 대한 설명으로 적절하지 못한 것은?

① 접촉차량 안에 유아나 어린이 유무를 살핀다.
② 부상자는 최대한 빨리 인근 병원으로 후송한다.
③ 후송이 어려우면 호흡상태, 출혈상태 등을 관찰 위급순위에 따라 응급처치한다.
④ 부상자가 토하려고 할 때에는 토할 수 있게 앞으로 엎드리게 자세를 조정한다.

52 응급상황 발생 시의 대응원칙으로 볼 수 없는 것은?

① 스스로 모든 일을 처리한다.
② 모든 조치는 침착하고 신속하게 진행한다.
③ 상식적인 모든 지식을 동원하여 조치한다.
④ 부상자의 위험 요소를 확인한다.

53 부상자의 기도 확보에 대한 설명으로 옳지 않은 것은?

① 기도확보는 공기가 입과 코를 통해 폐에 도달할 수 있는 통로를 확보하는 것이다.
② 엎드려 있을 경우에는 무리가 가지 않도록 그대로 둔 상태에서 등을 두드린다.
③ 기도에 이물질 또는 분비물이 있는 경우 이를 우선 제거한다.
④ 의식이 없을 경우 머리를 뒤로 젖히고 턱을 끌어 올려 목구멍을 넓힌다.

54 부상당한 승객의 쇼크예방을 위한 방법으로 옳지 않은 것은?

① 부상자의 다리를 20~30cm 정도 올려준다.
② 담요나 옷 등으로 부상자를 덮어주어 체온의 손실을 막는다.
③ 심한 부상이나 뇌졸중인 경우에는 다리를 40~50cm 들어준다.
④ 기도를 확보하고 구토하는 부상자의 경우는 옆으로 눕힌다.

55 골절 부상자를 위한 응급처치로 옳지 않은 것은?

① 냉찜질을 한다.
② 잘못 다루면 더 위험해질 수 있으므로 움직이지 않게 한다.
③ 가급적 구급차가 올 때까지 대기한다.
④ 다친 부위를 심장보다 낮게 한다.

56 가장 먼저 응급처치를 해야 할 대상은?

① 임신한 산모
② 어린아이
③ 위독한 사람
④ 나이든 어르신

정답 42.① 43.① 44.② 45.④ 46.④ 47.④ 48.③ 49.② 50.③ 51.④ 52.① 53.② 54.③ 55.④ 56.③

57 승객 중 저혈당 당뇨환자가 쓰러져 있으나 반응이 있고 말을 할 수 있다면 응급처치 방법은?

① 말을 정확히 표현하는지 살펴본다.
② 종이봉투를 입에 대어 본다.
③ 일으켜 걸어보게 한다.
④ 당이 들어 있는 음료수를 마시도록 한다.

58 승객의 부상이 있을 경우 조치방법으로 옳지 않은 것은?

① 출혈 부위보다 심장에 가까운 쪽을 헝겊으로 지혈될 때까지 꽉 잡아멘다.
② 출혈이 적을 때에는 거즈로 상처를 꽉 누른다.
③ 내출혈 시 쇼크 방지를 위해 허리띠를 졸라 메고 상반신을 높여 준다.
④ 내출혈 시 몸을 따뜻하게 해야 하나 직접 햇볕을 쬐게 하지 않는다.

59 화상환자의 응급처치에 대한 설명으로 옳지 않은 것은?

① 화상환자를 위험지역에서 멀리 이동시킨 후 신속하게 불이 붙어 있거나 탄 옷을 제거해 준다.
② 화상 입은 부위와 붙어 있는 의류는 억지로 떼어내려고 하지 말아야 한다.
③ 환자의 호흡상태를 관찰하여 필요하다면 고농도 산소를 투여한다.
④ 화상환자의 경우 체액 손실이 많으므로 현장에서 음식물 및 수분을 충분히 보충해 주어야 한다.

60 사고 발생 시 응급의료체계를 가동할 수 있는 사람은?

① 응급구조사
② 승객
③ 운전사
④ 운수회사

61 교통사고 시 대처방법으로 적절하지 않은 것은?

① 차도로 뛰어나와 손을 흔들어 통과차량에 알려야 한다.
② 우선 엔진을 멈추게 하고 연료가 인화되지 않도록 한다.
③ 보험회사나 경찰 등에 사고 발생 지점 및 상태 등을 연락한다.
④ 인명 구출 시 부상자, 노인, 어린아이 등 노약자를 우선적으로 구조한다.

62 교통사고를 당하여 쓰러져 있는 환자에게 최초로 시행해야 하는 것은?

① 출혈이나 골절 등이 있는지 확인한다.
② 목을 뒤로 젖혀 기도를 개방한다.
③ 환자의 의식여부를 먼저 확인한다.
④ 한두 번 인공호흡을 실시한다.

63 응급상황의 구조활동 중 최우선적으로 해야 할 일은 무엇인가?

① 구조자와 육체적 고통의 분담
② 구조자의 안전
③ 재산의 보전
④ 차량 손상 여부의 확인

64 응급처치의 중요성과 일반원칙으로 옳지 않은 것은?

① 환자의 생존율을 높이고 불구를 최소화한다.
② 질병 및 손상의 진행을 감소시킨다.
③ 환자의 고통을 줄여준다.
④ 환자의 치료·입원기간을 단축시키어 재활기간을 늘려 회복을 촉진시킨다.

65 교통사고로 인해 골절이 발생한 환자에 대한 응급처치 요령으로 적절하지 않은 것은?

① 쇼크(충격)를 받을 우려가 있으므로 이에 주의한다.
② 복잡골절에 있어 출혈이 있으면 직접압박으로 출혈을 방지한다.
③ 골절 부위에 출혈이 심한 경우에는 지압법으로 지혈한다.
④ 환자를 부축하여 안전한 곳으로 이동시킨다.

66 교통사고로 부상자 발생 시 가장 먼저 확인해야 할 사항은?

① 부상자의 체온 확인
② 부상자의 신분 확인
③ 부상자의 출혈 확인
④ 부상자의 호흡 확인

67 교통사고로 자동차에 갇힌 환자에게 접근하는 방법을 설명한 것이다. 가장 옳은 것은?

① 문의 잠금장치를 절단한다.
② 옆유리를 깬다.
③ 모든 문을 열어본다.
④ 천장을 떼어본다.

68 교통사고로 인해 사망자와 부상자가 발생한 경우 먼저 취해야 할 행동은?

① 사망자의 시신 보존
② 보험회사 담당자에게 신고
③ 경찰서에 신고
④ 부상자 구출

69 교통사고 시 어깨와 복부를 지나는 안전벨트에 의한 장기손상으로 볼 수 있는 것은?

① 늑골골절, 장파열
② 두부손상, 무릎골절
③ 척추손상, 안면골절
④ 상지골절, 하지골절

70 목을 부여잡은 성인 환자에게 기도폐쇄 처치(하임리히 방법)를 실시하지 않는 상태는?

① 숨을 쉬지 못함
② 얼굴색이 파래짐
③ 거친 숨소리
④ 의식수준이 떨어짐

71 기도가 폐쇄되어 말은 할 수 있으나 호흡이 힘들 때의 응급처치법은?

① 하임리히법
② 인공호흡법
③ 가슴압박법
④ 심폐소생술

정답 57.④ 58.③ 59.④ 60.① 61.① 62.③ 63.② 64.④ 65.④ 66.④ 67.③ 68.④ 69.① 70.③ 71.①

72 사고발생 시의 조치 과정은?

① 연락 → 후방 방호 → 인명 구조 → 대기
② 후방 방호 → 인명 구조 → 연락 → 대기
③ 인명 구조 → 후방 방호 → 연락 → 대기
④ 대기 → 인명 구조 → 연락 → 후방 방호

73 교통사고 시 심폐소생술의 순서로 올바른 것은?

① 인공호흡 → 가슴압박 → 기도개방
② 기도개방 → 인공호흡 → 가슴압박
③ 가슴압박 → 인공호흡 → 기도개방
④ 인공호흡 → 기도개방 → 가슴압박

74 탈구환자에 대한 응급처치 요령으로 틀린 것은?

① 탈구는 빠르고 정확한 처치가 되도록 한다.
② 의사가 오기 전 탈구를 바로 잡아 응급처치를 해야 한다.
③ 찬 물수건 찜질을 하여 아픔과 붓는 것을 막는다.
④ 탈구된 부위가 팔 또는 다리라면 견인 붕대로 받쳐 준다.

75 인공호흡에 대한 설명으로 거리가 먼 것은?

① 우선 인공호흡으로 환자의 가슴이 올라오지 않는다면 기도를 다시 확보한다.
② 인공호흡을 시도했으나 잘 되지 않는다면 잘 될 때까지 시도한다.
③ 인공호흡의 가장 일반적인 방법은 구강 대 구강법이다.
④ 인공호흡을 하기 전에 기도확보가 되어 있어야 한다.

76 교통사고 환자의 심폐소생술의 인공호흡은 위 팽만, 위 내용물 역류, 기도 흡인, 폐조직 괴사 등 부작용이 있다. 그러므로 환자의 가슴이 부드럽게 올라올 정도로 실시해야 한다. 매 환기시 몇 초간 숨을 불어 넣어야 하는가?

① 1초   ② 2초
③ 3초   ④ 4초

77 교통사고 발생 시 처리요령으로 틀린 것은?

① 대인 사고 발생 시에는 즉시 정차하여 필요한 구호조치를 한다.
② 차량을 손괴한 경우에는 현장 표시 후 소통을 위해 도로의 가장자리로 이동한다.
③ 주변의 목격자를 확보하고 인적사항, 연락처 등을 입수한다.
④ 경찰관서에 사고 사실만을 연락한 후 자리를 이탈한다.

78 "어서오세요"의 올바른 중국어 표현은?

① 您需要帮忙呢?(닌 쉬야오 방망 마?)
② 可以关下门吗?(커이 관이씨아 먼 마?)
③ 您去哪里?(닌 취 나리?)
④ 欢迎光临。(환잉광린.)

79 "미안합니다"의 가장 알맞은 중국어 표현은?

① 请坐。(칭 쭤)   ② 对不起。(뚜이부치)
③ 再见。(짜이찌엔)   ④ 晚安。(완안)

80 "어디로 모실까요?"의 알맞은 중국어 표현은?

① 您需要帮忙呢?(닌 쉬야오 방망 마?)
② 您去哪里?(닌 취 나리?)
③ 您从哪里来?(닌 총 나리 라이?)
④ 请稍等一下。(칭 샤오덩 이씨아.)

81 "고맙습니다!"의 가장 알맞은 중국어 표현은?

① 谢谢。(쎄쎄)
② 找给您钱。(자오 게이닌 치엔)
③ 你好。(니 하오)
④ 满潮。(만조)

82 "도착 했습니다" 의 가장 알맞은 중국어 표현은?

① 你好。(니하오)
② 到了。(따오러)
③ 满潮。(만조)
④ 找给您钱。(자오 게이닌 치엔)

83 외국인 승객이 탑승할 경우 적절한 말은?

① Have a nice day. (해브 어 나이스 데이)
② Good luck! (굿 럭)
③ Welcome. (웰컴)
④ Here we are, sir. (히어 위 아 써)

84 "어디로 모실까요?"에 알맞은 영어 표현은?

① May I help you? (메이 아이 헬프 유)
② Where are you from? (웨어 아 유 프롬)
③ Welcome? (웰컴)
④ Where to, sir? (웨어 투, 써)

85 "곧 도착합니다."의 알맞은 영어 표현은?

① Where is the police station? (웨이 이즈 더 폴리스 스테이션)
② Would you wait for me here? (우쥬 웨잇 포 미 히어)
③ We are getting there soon. (위 아 게팅 데어 순)
④ Wherr are you going, sir? (웨어 아 유 고잉, 써)

86 "도착했습니다."에 맞는 영어 표현은?

① Here we are sir. (히어 위 아 써)
② Excuse me. (익스큐즈 미)
③ Here is your change. (히어 이즈 유어 체인지)
④ Have a nice day. (헤브 어 나이스 데이)

87 "거스름 돈은 여기 있습니다."의 알맞은 영어 표현은?

① Have a nice day. (헤브 어 나이스 데이)
② Here we are, sir. (히어 위 아 써)
③ That's all right. (댓츠 올 라이트)
④ Here is your change. (히어 이즈 유어 체인지)

88 "고맙습니다."의 알맞은 영어 표현은?

① Thank you very much. (땡큐 베리 머치)
② Do you know how drive? (두 유 노우 하우 드라이브)
③ May I help you? (메이 아이 헬프 유)
④ Stop here, please. (스탑 히어 플리즈)

89 "Thank you very much."에 대한 응답으로 적절한 것은?
(땡큐 베리 머치)

① Welcome! (웰컴)
② No problem. (노 프로블럼)
③ You're welcome. (유어 웰컴)
④ Of course. (오브 코오스)

90 "어서오십시오." 의 가장 알맞은 일본어 표현은?

① こんにちは。(곤니찌와)
② いらっしゃいませ。(이랏샤이마세)
③ しつれいします。(시츠레ー시마스)
④ ご案内 しましょう。(고안나이 시마쇼오)

91 다음 중 "여기에 세워주세요." 의 가장 알맞은 일본어 표현은?

① ここに止めてください。(코코니 도메테 구다사이)
② 大崎二道場。(오사키니 도ー조)
③ ごくろうさまでした。(고쿠로ー사마데시타)
④ おはようございます。(오하요ー고자이마스)

92 "한국에 오신 것을 환영합니다." 의 일본어 표현은?

① そうるえきまで おねがいします。(소우루에끼마데 오네가이시마스)
② ショウショウマチクダサイ。(쇼오쇼오 오마치 쿠다사이)
③ もういちど どうかして ください。(모ー이찌도 도아오 시메떼 구다사이마셍까)
④ 韓国へようこそ、さようなら。(캉꼬꾸에 요ー꼬소 이랏샤이마시따)

93 "어디로 모실까요?" 의 일본어 표현은?

① いらっしゃいませ。(이랏샤이마세)
② いいですよ。(이이데스요)
③ どこに仕えましょうか。(도코니 츠카에마 쇼오카)
④ おてつだい しましょうか。(오데쯔다이 시마쇼ー까)

94 "다 왔습니다." 에 맞는 일본어 표현은?

① そろそろ着きました。(소로소로ー츠끼마시다)
② オマタ セイタシマシタ。(오마따 세이따시마시따)
③ ゲッコーデス。(겟꼬데스)
④ はじめまして。(하지메마시떼)

지리

(서울, 경기, 인천)

제 4 편

택시운전 자격시험 총정리 문제집

1. 서울특별시 지리 핵심정리

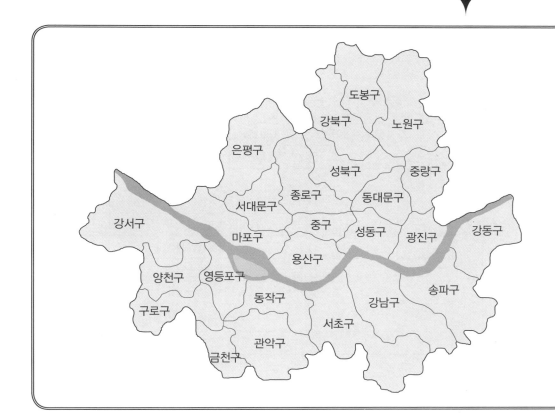

- **면　　적** : 605.25㎢(18.12.31 기준)
- **행정구분** : 25자치구 424행정동
- **인　　구** : 약 980만명(18.12.31 기준)
- **시의 나무** : 은행나무
- **시의　꽃** : 개나리
- **시의　새** : 까치

1. 서울의 주변 명소

산	관악산, 남산, 불암산, 도봉산, 북한산, 수락산, 인왕산, 북악산, 용마산, 우면산, 아차산
섬	여의도(국회의사당, KBS, MBC, 순복음교회), 선유도(국내 최초의 재활용생태공원), 서래섬(서초구 반포), 밤섬(여의도, 철새도래지)
호수	석촌호수(송파구에 위치한 인공호수)

2. 서울의 주요 교량 (한강 상류에서 하류순)

이름	구간		비고
	북단	남단	비고
강동대교	구리시(토평동)	강동구(강일동)	
암사대교	구리시(아천동)	강동구(암사동)	
광진교	광진구(천호대로)	강동구(천호대로)	
천호대교	광진구(천호대로)	강동구(천호대로)	강동개발 촉진
올림픽대교	광진구(광나루길)	강동구(강동대로)	
잠실철교	광진구(구의동)	송파구(신천동)	지하철2호선과 도로겸용교
잠실대교	광진구(자양로)	송파구(송파대로)	
청담대교	광진구(자양동)	강남구(청담동)	복층교, 지하철7호선 통과
영동대교	광진구(동2로)	강남구(영동대로)	
성수대교	성동구(고산자로)	강남구(언주로)	붕괴 후 복구
동호대교	성동구(동호로)	강남구(논현로)	지하철3호선 통과
한남대교	용산구(한남로)	강남구(강남대로)	
반포대표	용산구(반포로)	서초구(반포로)	잠수교와 복층교
잠수교	용산구(반포로)	서초구(반포로)	홍수시 잠수
동작대교	용산구(서빙고로)	동작구(동작대로)	지하철4호선 통과
한강대교	용산구(한강로)	동작구(노량진로)	최초의 한강인도교
한강철교	용산구(용산역)	동작구(노량진)	최초의 한강다리, 철도교통에 사용
원효대교	용산구(용호로)	영등포구(용호로)	민자건설
마포대교	마포구(마포로)	영등포구(여의도광장)	

서강대교	마포구(창천로)	영등포구(여의서로)	
당산철교	마포구(합정동)	영등포구(당산동)	지하철2호선 전용 철교
양화대교	마포구(양화로)	영등포구(선유로)	
성산대교	마포구(성산로)	영등포구(성산로)	
가양대교	마포구(상암동)	강서구(가양동)	
방화대교	고양시(강매동)	강서구(방화동)	인천국제공항고속도로와 연결
행주대교, 신행주대교	고양시(행주외동)	강서구(개화로)	
김포대교	고양시(자유로)	김포시(고촌면)	

3. 서울의 주요 도로명칭

명칭	구간
강남대로	한남대교 북단 – 강남역 – 뱅뱅사거리 – 염곡사거리
강동대로	풍납로(올림픽대교 남단) – 둔촌사거리 – 서하남I.C 입구 사거리
강변북로	가양대교 북단 – 남양주 지금삼거리
고산자로	성수대교 북단 – 왕십리로터리 – 고려대역
남부순환로	김포공항입구 – 사당역 – 수세I.C
내부순환도로	성산대교 북단 – 홍지문터널 – 성동교(동부간선도로)
노들로	양화교 교차로 – 노량진북고가차도
도산대로	신사역사거리 – 영동대교 남단교차로
독산로	구로전화국사거리 – 독산4동사거리 – 박미삼거리
독서당로	한남역 – 금남시장삼거리 – 응봉삼거리
돈화문로	돈화문삼거리 – 종로3가 – 청계3가사거리
돌곶이로	북서울꿈의숲 동문교차로 – 돌곶이역 – 석관동로터리
동부간선도로	수락산지하차도 – 청담대교 – 복정교차로(서울시 송파)
동1로	영동대교 남단 – 의정부시계(수락산지하차도) – 양주 장춘교차로
동작대로	용산가족공원 입구 – 동작대교 – 사당역사거리
동소문로	한성대입구역 – 미아리고개 – 미아삼거리
북부간선도로	종암J.C(내부순환로) – 도농I.C 제2육교(남양주시)
삼청로	경복궁사거리(동십자각) – 삼청터널

성산로	성산대교 남단 – 독립문고가서단
송파대로	잠실대교 북단 – 복정역(서울시송파)
시흥대로	대림삼거리 – 석수역(안양시)
세종대로	서울역사거리 – 광화문삼거리
세검정로	홍은사거리 – 신영동삼거리(세검정)
양천로	양화교 교차로 – 개화사거리
율곡로	경복궁삼거리 – 청계6가사거리
올림픽대로	강일I.C – 행주대교 남단(고천I.C)
을지로	서울시청 앞 – 한양공고 앞 사거리
원효로	남영역사거리 – 원효로 삼성아파트 앞
양재대로	선암I.C(서울시 서초) – 암사정수센터교차로
언주로	성수대교 북단 – 구룡터널사거리
영동대로	영동대교 북단 교차로 – 일원터널 사거리
종로	세종대로사거리 – 신설동역오거리
창경궁로	한성대입구역 – 원남동사거리 – 퇴계로4가 교차로
천호대로	신설동역오거리 – 상일I.C 입구
청계천로	청계천광장교차로 – 신답초교 입구(동대문구)
충무로	관수교 – 명보사거리 – 충무로역
통일로	서울역사거리 – 홍은사거리 – 구파발역 – 임진각
퇴계로	남산육교 – 도로교통공단사거리(중구)
테헤란로	강남역사거리 – 잠실자동차극장사거리(송파구)
한강대로	서울역사거리 – 한강대교 북단

4. 주요기관과 소재지

소재지		명칭
강남구	대치동	강남경찰서, 강남운전면허시험장
	도곡동	명동세브란스병원
	삼성동	강남구청, 한국도심공항, 강남교육지원청, 강남구보건소, 한국종합무역센터(코엑스), 봉은사, 선정릉(삼릉공원, 조선 왕릉), 코엑스몰
	신사동	도산공원
	역삼동	국기원, 전국택시운송사업조합연합회, 강남차병원, 서울상공회의소 강남상공회
	일원동	삼성서울병원
	청담동	우리들병원
강동구	둔촌동	중앙보훈병원
	상일동	강동경희대학교병원
	성내동	강동구청, 강동소방서
	암사동	서울암사동유적
강북구	미아동	성북강북교육지원청
	번동	강북경찰서, 강북보건소
	수유동	강북구청, 화계사
강서구	가양동	허준박물관, 강서구립가양도서관
	방화동	한강시민공원(강서지구), 김포국제공항(국제선)
	등촌동	강서우체국
	신월동	강서경찰서 임시청사
	외발산동	강서운전면허시험장
	화곡동	강서구청
관악구	봉천동	관악구청, 관악구보건소, 관악경찰소
	신림동	금천경찰서, 관악우체국, 서울대학교
광진구	구의동	광진경찰서, 동서울종합터미널
	군자동	세종대학교
	능동	어린이대공원
	자양동	광진구청, 뚝섬한강공원

소재지		명칭
광진구	중곡동	국립정신건강센터
	화양동	건국대학교, 건국대학교병원
구로구	고척동	고척스카이돔, 구로소방서
	구로동	구로구청, 구로보건소, 구로경찰서
	항동	성공회대학교
금천구	독산동	금천세무서, 금천우체국, 구로한방병원
	시흥동	금천구청, 금천구보건소
노원구	공릉동	원자력병원, 서울여자대학교, 삼육대학교, 서울과학기술대학교, 육군사관학교
	상계동	도봉운전면허시험장, 노원구청, 노원구보건소
	월계동	광운대학교
도봉구	도봉동	서울북부지방법원
	방학동	도봉구청
	쌍문동	덕성여자대학교
	창동	북부교육지원청, 노원세무서
동대문구	이문동	한국외국어대학교
	용두동	동대문구보건소
	전농동	청량리역, 동부교육지원청, 성바오로병원, 서울시립대학교
	제기동	경동시장
	청량리동	동대문경찰서, 동대문세무서, 세종대왕기념관
	회기동	경희대학교, 경희대학교병원
	휘경동	삼육서울병원
동작구	노량진동	동작경찰서, 동작구청, 동작도서관, 노량진수산시장, 사육신공원
	동작동	국립서울현충원
	사당동	총신대학교
	상도동	동작관악교육지원청, 동작구보건소, 숭실대학교
	신대방동	기상청, 보라매공원
	흑석동	중앙대학교, 중앙대학교병원
마포구	공덕동	서부지방법원, 한겨레신문
	마포동	EBS 불교방송
	망원동	망원한강공원
	상수동	홍익대학교, 국민건강보험공단(마포지사)
	상암동	서부운전면허시험장, TBS 교통방송, MBC신사옥, KBS미디어센터
	성산동	마포구청, 마포구보건소, 서울월드컵경기장, 월드컵공원
	신수동	서강대학교
	아현동	마포경찰서
서대문구	남가좌동	명지대학교
	대현동	서부교육지원청, 이화여자대학교
	미근동	서대문경찰서
	신촌동	연세대학교
	연희동	서대문구청, 서대문구보건소, 서대문소방서
	충정로2가	경기대학교(서울캠퍼스)
	현저동	독립문, 서대문형무소 역사관
서초구	반포동	국립중앙도서관, 센트럴시티터미널, 서울고속버스터미널, 서울지방조달청, 가톨릭대학교(성의교정), 서울성모병원, 반포한강시민공원
	방배동	방배경찰서
	서초동	대법원, 서울남부터미널, 서울중앙지방법원, 서초구청, 대검찰청, 국립국악원, 예술의전당, 서울교육대학교
	양재동	양재시민의 숲
	염곡동	도로교통공단, TBN 한국교통방송
성동구	행당동	성동광진교육지원청, 성동구청, 성동경찰서, 한양대학교
성북구	돈암동	성신여대 돈암수정캠퍼스
	삼선동	성북경찰서, 성북구청, 한성대학교

성북구	안암동	고려대학고, 고려대학교 안암병원
	정릉동	국민대학교, 서경대학교
	하월곡동	동덕여자대학교
송파구	가락동	가락시장, 송파경찰서, 국립경찰병원
	문정동	동부지방법원
	방이동	올림픽공원, 올림픽공원체조경기장, 대한체육회
	신천동	국민연금공단(송파지사), 송파구청, 교통회관, 한강공원 광나루지구
	오륜동	한국체육대학교
	잠실동	강동송파교육지원청, 잠실종합운동장, 롯데월드, 석촌호수공원, 잠실한강공원
	풍납동	서울아산병원, 풍납토성
양천구	목동	이대목동병원, SBS 본사, CBS 기독교방송, 서울지방식품의약품안전청
	신월동	강서양천교육지원청, 서울과학수사연구소
	신정동	양천구청, 서울출입국외국인청, 서울남부지방법원
영등포구	당산동	영등포구청, 영등포경찰서, 영등포구보건소
	문래동	남부교육지원청
	신길동	서울지방병무청
	여의도동	대한민국국회(국회의사당), 국회도서관, 여의도우체국, 카톨릭대학교 여의도성모병원, 63빌딩, KBS 한국방송공사, KBS 한국방송공사 별관, 여의도공원
	영등포동	영등포역, 한강성심병원
용산구	동자동	서울역 경부선
	보광동	한국폴리텍대학 서울정수캠퍼스
	용산동	국방부, 전쟁기념관, N서울타워, 국립중앙박물관, 용산가족공원
	원효로1가	용산경찰서
	청파동	숙명여자대학교
	한강로2가	용산전자상가
	한강로3가	용산역
	한남동	이탈리아대사관, 태국대사관, 순천향대학교서울병원
	효창동	백범기념관
은평구	녹번동	은평구청, 은평보건소
	진관동	은평소방서
종로구	경운동	종로경찰서
	관철동	보신각
	내자동	서울지방경찰청
	동숭동	한국방송통신대학교, 마로니에공원
	사직동	사직공원
	삼청동	감사원
	서린동	동아일보
	세종로	미국대사관, 경복궁, 세종문화회관, 정부서울청사, 국립민속박물관, 호주대사관
	수송동	종로구청, 연합뉴스, 조계사
	명륜동	성균관대학교
	신문로2가	서울특별시교육청, 서울역사박물관
	연건동	서울대학교병원
	와룡동	창경궁, 창덕궁
	인의동	혜화경찰서
	종로2가	탑골공원, 서울YMCA
	종로6가	흥인지문(보물제1호)
	중학동	일본대사관, 멕시코대사관
	평동	강북삼성병원

종로구	혜화동	카톨릭대학교(성신교정)
	효자동	경복궁아트홀
	효제동	중부교육지원청
	홍지동	상명대학교
중구	남대문로 4가	숭례문(국보제1호)
	남대문로 5가	남대문경찰서, 한국일보, 독일대사관
	충무로 1가	중부세무서
	명동2가	명동성당, 중국대사관
	다동	한국관광공사 서울센터
	서소문동	서울특별시청 서초문청사, 중앙일보
	예관동	중구청
	을지로6가	국립중앙의료원
	장충동2가	장충체육관, 국립극장
	저동2가	중부경찰서, 서울백병원
	저동1가	카톨릭평화방송, 남대문세무서
	정동	경향신문, 덕수궁, 러시아대사관, 영국대사관, 캐나다대사관
	태평로1가	서울특별시청, 서울특별시의회, 조선일보
	필동3가	동국대학교
	필동1가	매일경제신문
	회현동1가	남산공원(주차장)
중랑구	상봉동	상봉터미널, 중랑우체국
	신내동	중랑구청, 중랑구보건소, 중랑경찰서

5. 문화유적, 명소, 공원과 소재지

소재지	명칭
강남구	선릉과 정릉, 봉은사, 도산공원
강동구	암사선사유적지
강북구	국립4.19묘지, 북서울꿈의 숲
광진구	서울어린이대공원, 뚝섬한강공원, 아차산
동대문구	세종대왕기념관, 경동시장
동작구	국립서울현충원, 노량진수산시장, 보라매공원, 사육신공원
마포구	서울월드컵경기장, 월드컵공원, 하늘공원, 난지한강공원
서대문구	독립문, 서대문형무소역사관
서초구	예술의 전당, 양재시민의 숲, 반포한강공원, 몽마르뜨공원
성동구	서울숲
송파구	몽촌토성, 풍납토성, 롯데월드, 석촌호수, 올림픽공원
영등포구	여의도공원, 63빌딩, 선유도공원
용산구	남산서울타워, 백범기념관, 용산가족공원
종로구	경복궁, 창경궁, 창덕궁, 종묘, 국립민속박물관, 보신각, 조계사, 동대문(흥인지문, 보물제1호), 마로니에공원, 사직공원, 경희궁공원, 탑골공원
중구	남대문(숭례문, 국보제1호), 덕수궁, 명동성당, 장충체육관, 남산공원, 서울로7017

6. 주요국가대사관과 소재지

소재지	대사관
서대문구	프랑스대사관(합동)
영등포구	인도네시아대사관(여의도동)
용산구	남아프리카공화국대사관 · 말레이시아대사관 · 벨기에대사관 · 스페인대사관 · 이란대사관 · 이탈리아대사관 · 인도대사관 · 태국대사관(한남동), 사우디아라비아대사관 · 필리핀대사관(이태원동)
종로구	미국대사관(세종로), 일본대사관 · 멕시코대사관(중학동), 베트남대사관(삼청동), 브라질대사관(팔판동), 호주대사관(종로1가)

중구	중국대사관(명동), 영국대사관 · 캐나다대사관 · 러시아대사관(정동), 독일대사관(남대문로5가), 터키대사관(장충동), 프랑스문화원(봉래동), 주한 E.U대표부(남대문로5가)

7. 종합병원과 소재지

소재지	병원
강남구	강남차병원(역삼동), 삼성서울병원(일원동), 강남(영동)세브란스병원(도곡동)
강동구	중앙보훈병원(둔촌동), 강동성심병원(길동), 강동경희대학교병원(상일동)
강북구	대한병원(수유동)
광진구	건국대학교병원(화양동), 혜민병원(자양동), 국립정신건강센터(구,국립서울병원,중곡동)
구로구	고려대학교 구로병원(구로동)
노원구	인제대학교 상계백병원(상계동), 을지병원(하계동), 원자력병원(공릉동)
동대문구	경희대학교병원(회기동), 삼육서울병원(휘경동), 성바오로병원(전농동), 서울시립동부병원(용두동), 서울성심병원(청량리동)
동작구	중앙대학교병원(흑석동), 서울시보라매병원(신대방동)
서대문구	신촌세브란스병원(신촌동)
서초구	카톨릭대학교 서울성모병원(서초동)
성동구	한양대학교병원(사근동)
성북구	고려대학교 안암병원(안암동)
송파구	서울아산병원(풍납동), 경찰병원(가락동)
양천구	이대목동병원(목동)
영등포구	여의도성모병원(여의도동), 대림성모병원(대림동), 한강성심병원(영등포동), 성애병원(신길동)
용산구	순천향대학교 서울병원(한남동)
종로구	서울대학교병원(연건동), 강북삼성병원 · 서울적십자병원(평동)
중구	국립중앙의료원(을지로6가), 인제대학교 서울백병원(지동), 제일병원(묵정동)
중랑구	서울특별시 서울의료원

8. 서울소재 주요대학교 소재지

소재지	대학교
관악구	서울대학교(신림동)
광진구	건국대학교(화양동), 세종대학교(군자동)
노원구	광운대학교(월계동), 육군사관학교 · 서울여자대학교 · 삼육대학교 · 서울과학기술대학교(공릉동)
도봉구	덕성여자대학교(쌍문동)
동대문구	서울시립대학교(전농동), 한국외국어대학교(이문동), 경희대학교(회기동)
동작구	중앙대학교(흑석동), 숭실대학교(상도동)
마포구	서강대학교(신수동), 홍익대학교(상수동)
서대문구	연세대학교(신촌동), 이화여자대학교(대현동), 명지대학교(남가좌동), 추계예술대학교(북아현동), 경기대학교(충정로2가)
서초구	서울교육대학교(서초동)
성동구	한양대학교(행당동)
성북구	고려대학교(안암동), 국민대학교 · 서경대학교(정릉동), 성신여자대학교(돈암동), 한성대학교(삼선동), 동덕여자대학교(하월곡동)
송파구	한국체육대학교(방이동)
용산구	숙명여자대학교(청파동)
종로구	성균관대학교(명륜동), 상명대학교(홍지동), 한국방송통신대학교 대학본부(동숭동)
중구	동국대학교(필동)

9. 서울소재 주요호텔과 소재지

소재지	호텔
강남구	라마다서울호텔 · 인터컨티넨탈호텔(삼성동), 르메르디앙서울호텔(역삼동), 글래브라이브강남호텔(논현동), 노보텔엠배서더서울강남호텔(역삼동), 리베라서울호텔(청담동), 삼정호텔(역삼동)
강서구	나이아가라호텔 · 골든서울호텔(염창동)
광진구	그랜드워커힐호텔(광장동)
마포구	서울가든호텔(도화동), 롯데시티호텔(공덕동)
서대문구	그랜드힐튼호텔서울(홍은동)
서초구	JW메리어트호텔 · 쉐라톤서울팔레스강남호텔(반포동), 더 리브사이드호텔(잠원동)
송파구	롯데호텔월드(잠실동)
용산구	그랜드하얏트서울호텔(한남동), 피탈호텔 · 해밀턴호텔 · 크라운관광호텔(이태원동)
중구	호텔롯데(소공동), 신라호텔(장충동), 서울프라자호텔(태평로2가), 웨스턴 조선호텔(소공동), 그랜드앰배서더서울호텔(장충동), 서울로얄호텔(명동), 프레지던트호텔(을지로1가), 코리아나호텔(태평로1가), 세종호텔(명동), 밀레니엄 서울힐튼호텔(남대문로5가)

01 서울특별시청은 어디에 위치하는가?

① 종로구 신문로　　② 중구 회현동
③ 중구 태평로　　④ 종로구 사직동

02 종로구 '종로2가 종각' 부근에 소재한 것은?

① 덕수궁　　② 창덕궁
③ 중앙일보사　　④ 서울YMCA

03 지하철 2호선 어느 역 부근에 강남운전면허시험장이 있는가?

① 삼성역　　② 강남역
③ 잠실역　　④ 선릉역

04 강남구에 있는 특급호텔은?

① 그랜드힐튼호텔　　② 롯데호텔월드
③ 웨스틴조선호텔　　④ 라마다서울호텔

05 성북구 '안암동'에 소재한 대학교는?

① 한양대학교　　② 고려대학교
③ 동국대학교　　④ 광운대학교

06 '서울월드컵경기장'의 소재지는?

① 마포구 월드컵로(성산동)　② 은평구
③ 서대문구　　④ 용산구

07 종로구와 은평구를 관통하는 터널은?

① 우면산터널　　② 구기터널
③ 남산1호터널　　④ 삼청터널

08 광화문 근처에 위치하지 않는 것은?

① 정부종합청사　　② 국세청
③ 미국대사관　　④ 금융감독원

09 강남구 삼성동에 소재한 것은?

① 서울도심공항　　② 삼성서울병원
③ 강남경찰서　　④ 강남차병원

10 '영등포구 여의도동'에 소재하지 않는 곳은?

① 63빌딩　　② 국회의사당
③ 교통방송(TBS)　　④ 한국방송공사(KBS)

11 종로구 '북촌로(삼청동)'에 소재한 것은?

① 감사원　　② 정부서울청사
③ 세종문화회관　　④ 삼일빌딩

12 서울남부구치소가 위치한 곳은?

① 구로구 금오로(천왕동)
② 구로구 경인로(고척동)
③ 금천구 시흥대로(독산동)
④ 금천구 시흥대로(시흥동)

13 서울특별시청에서 가장 먼 건물은?

① 보신각(종각)　　② 숭례문
③ 신라호텔　　④ 경복궁

14 강남과 동일로를 연결하는 다리는?

① 영동대교　　② 청담대교
③ 성수대교　　④ 잠실대교

15 '미국대사관'의 소재지는?

① 종로구(세종대로 188)　② 중구
③ 용산구(한남동)　　④ 서대문구

16 종로구 '대학로'인근에 소재하지 않은 것은?

① 서울대학교병원
② 한국방송통신대학교 대학본부
③ 혜화역
④ 종로경찰서

17 종각역 근처에 위치하지 않는 곳은?

① SC(제일은행)은행 본점　② 종로 귀금속 타운
③ 종로타워빌딩　　④ 영풍빌딩

18 성북구에 있는 대학이 아닌 것은?

① 광운대학교　　② 국민대학교
③ 동덕여자대학교　　④ 한성대학교

19 강서구 가양동에서 상암월드컵경기장을 가기 위해 어떤 다리를 건너야 하는가?

① 반포대교　　② 가양대교
③ 동호대교　　④ 성수대교

20 장충동족발거리에서 가장 가까운 전철역은?

① 동대입구역　　② 충무로역
③ 동대문역사역　　④ 명동역

21 '광화문에서 서울시청-남대문'으로 연결되는 도로는?

① 율곡로　　② 세종대로
③ 남대문로　　④ 종로

22 '성균관대학교'의 소재지는?

① 성북구   ② 종로구(명륜동)
③ 관악구(신림동)   ④ 서대문구

23 한남동에서 옥수동 그리고 응봉동으로 연결된 도로는?

① 언주로   ② 국회대로
③ 노들로   ④ 독서당로

24 건국대학교의 위치는?

① 광진구 화양동   ② 광진구 자양동
③ 성동구 성수동   ④ 성동구 송정동

25 '서울역'부근에 소재하지 않는 곳은?

① 서울힐튼호텔   ② 삼성본관빌딩
③ 서울스퀘어   ④ 남대문경찰서

26 강남구 '지하철 삼성역'부근에 위치하지 않는 곳은?

① 강남운전면허시험장
② 강남경찰서
③ 삼성서울병원
④ 코엑스몰

27 대한민국 민의의 전당 '국회의사당'의 소재지는?

① 중구
② 서대문구
③ 종로구 세종대로
④ 영등포구 의사당대로(여의도동)

28 장충체육관, 국립극장, 신라호텔이 위치한 곳은?

① 영등포구 여의도동   ② 중구 장충동 2가
③ 종로구 신문로 2가   ④ 종로구 동숭동

29 국립국악원(예술의 전당) 위치는?

① 서초구 반포동   ② 서초구 잠원동
③ 서초구 서초동   ④ 서초구 방배동

30 TBS 교통방송국이 소재한 곳은?

① 영등포구 여의도동   ② 마포구 상암동
③ 종로구 홍지동   ④ 성동구 성수동

31 국립극장이 위치한 곳은?

① 중구 장충동 2가   ② 종로구 안국동
③ 성동구 왕십리동   ④ 동대문구 용두동

32 '성북구 길음역사거리에서 우이령길(도선사입구)'로 연결되는 도로는?

① 도봉로   ② 삼양로
③ 삼각산로   ④ 인수봉로

33 '예술의 전당'의 소재지는?

① 서초구 남부순환로(서초동)
② 종로구
③ 중구
④ 강남구

34 '지하철 3개 노선'을 환승할 수 없는 지하철역은?

① 신도림역   ② 왕십리역
③ 종로3가역   ④ 동대문역사문화공원역

35 '종합병원과 소재지'가 잘못 연결된 것은?

① 삼성서울병원 – 강남구(일원동)
② 서울아산병원 – 송파구(풍납동)
③ 서울대학교병원 – 종로구(연건동)
④ 서울성모병원 – 영등포구(여의도동)

36 삼성동은 강남구이다. 삼선동은 어느 구인가?

① 성북구   ② 성동구
③ 영등포구   ④ 마포구

37 인사동 주변에 위치하지 않는 곳은?

① 중부경찰서   ② 탑골공원
③ YMCA   ④ 낙원상가

38 무역회관의 위치는?

① 강남구 삼성동   ② 강동구 암사동
③ 강서구 가양동   ④ 송파구 신천동

39 국립묘지(국립서울현충원)는 어느 곳에 위치해 있는가?

① 동작구 신대방동   ② 동작구 사당동
③ 강북구 수유동   ④ 광진구 능동

40 CBS 기독교방송국의 위치는?

① 종로구 연건동   ② 양천구 목동
③ 종로구 평동   ④ 강서구 등촌동

41 금화터널과 연세대를 지나는 도로명은?

① 을지로   ② 성산로
③ 테헤란로   ④ 태평로

42 서울삼육병원의 위치는?

① 마포구 공덕동   ② 종로구 수송동
③ 종로구 동숭동   ④ 동대문구 휘경동

43 도봉구에 위치한 것은?

① 노원세무서   ② 세종대학교
③ 프랑스문화원   ④ 국방부

정답 22.② 23.④ 24.① 25.② 26.③ 27.④ 28.② 29.③ 30.② 31.① 32.② 33.① 34.① 35.④ 36.① 37.① 38.① 39.② 40.② 41.② 42.④ 43.①

44 호남선 KTX를 타려는 손님은 어느 역으로 모셔야 하는가?

① 신길역 　　　　② 남영역
③ 수서역 　　　　④ 용산역

45 '동대문디자인플라자'와 가장 인접한 지하철역은?

① 동대문역 　　　　② 동대문역사문화공원역
③ 종로5가역 　　　　④ 을지로 4가역

46 서울시 동부지역 교통중심지인 '동서울종합터미널'의 소재지는?

① 성동구(마장동) 　　② 중랑구(상봉동)
③ 동대문구 　　　　④ 광진구(구의동)

47 중구 소재 '명동성당 부근에 있는 호텔'이 아닌 것은?

① 로얄호텔 　　　　② 세종호텔
③ 신라호텔 　　　　④ 사보이호텔

48 '올림픽공원'과 연결된 지하철 역은?

① 몽촌토성역 　　　② 잠실역
③ 천호역 　　　　④ 강동역

49 '국립중앙의료원'의 소재지는?

① 중구 을지로6가 　　② 서대문구 대현동
③ 중구 저동 　　　④ 종로구 대학로

50 '동서울종합터미널에서 서울아산병원'으로 신속하게 이동하려고 할 때, 건너야 하는 다리는?

① 광진교 　　　　② 천호대교
③ 올림픽대교 　　　④ 영동대교

51 김포공항으로 가려면 지하철 몇 호선을 타야 하는가?

① 1호선 　　　　② 3호선
③ 5호선 　　　　④ 7호선

52 대검찰청의 위치는 어느 구인가?

① 서초구 　　　　② 중구
③ 강남구 　　　　④ 종로구

53 노원구에 있는 대학은?

① 삼육대학교, 서울여자대학교
② 광운대학교, 국민대학교
③ 삼육대학교, 서울시립대학교
④ 동덕여자대학교, 숭실대학교

54 수서IC에서 김포공항으로 이어진 도로는?

① 내부순환로 　　　② 남부순환로
③ 서부간선도로 　　④ 동부간선도로

55 독일대사관은 어느 구에 있나?

① 중구 　　　　　② 강남구
③ 종로구 　　　　④ 양천구

56 돌곶이로의 위치는?

① 성북구 석관동과 장위동을 연결
② 신답사거리와 용마산길을 연결
③ 중랑구 신내동과 강동구 성내동을 연결
④ 성동구 옥수동과 강남구 압구정동을 연결

57 국립중앙박물관은 어느 구에 위치하는가?

① 양천구 　　　　② 광진구
③ 용산구 　　　　④ 서초구

58 은평구청은 은평구 어느 동에 위치하는가?

① 역촌동 　　　　② 녹번동
③ 수색동 　　　　④ 구산동

59 가든파이브가 위치한 곳은?

① 송파구 가락동 　　② 송파구 문정동
③ 송파구 거여동 　　④ 송파구 장지동

60 서초구에 위치하지 않는 것은?

① 대법원 　　　　② 서울교육대학교
③ 서울성모병원 　　④ 국립과학수학연구소

61 '한국방송통신대학교 대학본부'가 있는 곳은?

① 성동구 　　　　　② 중구
③ 종로구 대학로(동숭동) 　④ 강남구(대치동)

62 강남 소재 유명사찰 '봉은사'의 소재지는?

① 강남구(압구정동) 　② 서초구(잠원동)
③ 강남구(삼성동) 　　④ 서초구(양재동)

63 '동대문구 청량리역에서 중랑교를 지나 망우동'으로 연결되는 도로는?

① 망우로 　　　　② 화랑로
③ 전농로 　　　　④ 동일로

64 '경찰서와 소재지'가 잘못 연결된 것은?

① 서대문경찰서 – 서대문역 부근
② 남대문경찰서 – 서울역 부근
③ 송파경찰서 – 송파역 부근
④ 성동경찰서 – 왕십리역 부근

65 '중앙보훈병원(서울보훈병원)'의 소재지는?

① 강북구 　　　　② 강남구(삼성동)
③ 강동구(둔촌동) 　　④ 강서구(둔촌동)

66 '주한 일본대사관'의 소재지는?

① 중구(남산동)　　　　② 종로구(운니동)
③ 종로구 율곡로(중학동)　④ 중구(회현동)

67 88올림픽을 기념하여 조성한 '올림픽공원'의 소재지는?

① 강남구
② 송파구 올림픽로(방이동)
③ 강동구(천호동)
④ 송파구 올림픽로(잠실동)

68 동서울터미널에서 승객을 태우고 교통회관으로 가려면 건너야 할 대교는?

① 마포대교　　　　② 성산대교
③ 잠실대교　　　　④ 양화대교

69 롯데월드와 연결된 지하철 2호선의 역명은?

① 성내역　　　　② 신천역
③ 잠실역　　　　④ 삼성역

70 마포구 관내에 있는 학교는?

① 연세대, 경기대
② 총신대, 상명대
③ 서강대, 홍익대
④ 중앙대, 숙명여자대

71 방산시장에서 자동차로 운행했을 때, 가장 적게 걸리는 역은?

① 종로3가역　　　② 종로5가역
③ 을지로4가역　　④ 동대문역사문화공원역

72 불암산과 수락산이 인접해 있는 구는?

① 동대문구　　　② 노원구
③ 강북구　　　　④ 성북구

73 일본대사관과 미국대사관이 있는 행정구역은?

① 중구　　　　② 종로구
③ 서대문구　　④ 용산구

74 사육신공원이 위치하는 곳은?

① 서초구 방배동　② 강서구 화곡동
③ 금천구 독산동　④ 동작구 노량진동

75 인터컨티넨탈호텔은 어느 구에 위치하는가?

① 용산구　　　② 동작구
③ 강남구　　　④ 서대문구

76 청와대 앞길이 개방됨으로써 연결되는 도로는?

① 양천길　　　② 삼청동길
③ 용마산로　　④ 고산자로

77 동작구에 위치하지 않는 대학은?

① 숭실대학교　　② 중앙대학교
③ 총신대학교　　④ 홍익대학교

78 연결이 옳지 않은 것은?

① 강남구청 – 성내동　② 도봉구청 – 방학동
③ 성동구청 – 행당동　④ 종로구청 – 수송동

79 서울지방병무청이 위치하는 구는?

① 영등포구　　　② 중구
③ 서초구　　　　④ 송파구

80 노원역에서 가장 멀리 떨어져 있는 곳은?

① 노원구청　　　② 도봉운전면허시험장
③ 도봉경찰서　　④ 노원소방서

81 육군사관학교가 위치하고 있는 곳은?

① 도봉구　　　② 노원구
③ 강북구　　　④ 중랑구

82 '성북구 미아사거리에서 북서울 꿈의 숲 – 월계교'로 연결되는 도로는?

① 미아로　　　② 삼양로
③ 월계로　　　④ 도봉로

83 '사당 사거리에서 과천시'로 이동할 때 넘어야 하는 고개는?

① 무악재　　　② 당고개
③ 갈마고개　　④ 남태령

84 '영국대사관'의 소재지는?

① 서대문구(합동)　② 중구 세종대로(정동)
③ 종로구　　　　④ 용산구

85 '강남세브란스병원에서 구룡터널 – 내곡I.C'로 연결되는 도로는?

① 삼성로　　　② 봉은사로
③ 언주로　　　④ 우면로

86 서울YMCA회관은 종로 2가에 있습니다. '서울YMCA회관'의 소재지는?

① 종로구 종로1가　② 중구 명동
③ 종로구 종로2가　④ 중구 태평로1가

87 사가정로는 어느 곳을 연결하는가?

① 왕십리와 종암동을 연결
② 응봉로와 한남로를 연결
③ 신답사거리와 용마터널을 연결
④ 성북구 석관동과 장위동을 연결

정답 66.③ 67.② 68.③ 69.③ 70.③ 71.③ 72.② 73.② 74.④ 75.③ 76.② 77.④ 78.① 79.① 80.④ 81.② 82.③ 83.④ 84.② 85.③ 86.② 87.③

88 '헌법재판소'의 소재지는?

① 중구(정동)   ② 종로구 북촌로(재동)
③ 서대문구   ④서초구(서초동)

89 '서울남부지방법원 · 서울남부지방검찰청'의 소재지는?

① 금천구   ② 구로구
③ 양천구 신월로(신정동)   ④ 강서구(화곡동)

90 삼성전자 서초사옥과 가장 가까운 전철역은?

① 강남역   ② 서초역
③ 역삼역   ④ 교대역

91 서울소재 운전면허시험장과 위치가 바르게 연결되지 않은 것은?

① 강남운전면허시험장 – 강남구 대치동
② 강서운전면허시험장 – 강서구 외발산동
③ 도봉운전면허시험장 – 도봉구 삼양로
④ 서부운전면허시험장 – 마포구 상암동

92 서울아산병원의 위치는?

① 용산구 한남동   ② 송파구 풍납동
③ 송파구 잠실1동   ④ 강남구 신사동

93 성북구에서 종로구로 지나는 터널은?

① 자하문터널   ② 북악터널
③ 구룡터널   ④ 금화터널

94 성수대교 남단에서 도곡동 강남세브란스병원까지 이르는 도로는?

① 언주로   ② 반포로
③ 우면로   ④ 논현로

95 '국립4.19민주묘지'가 있는 곳은?

① 동작구(사당동)
② 성북구(정릉)
③ 도봉구
④ 강서구 4.19로(수유동)

96 '뱅뱅사거리'의 소재지는?

① 서초구(서초동)   ② 강남구(역삼동)
③ 서초구(방배동)   ④강남구(도곡동)

97 사대문(四大門)을 동서로 가로지르는 도로는?

① 보문로   ② 율곡로
③ 을지로   ④ 종로

98 전국택시운송사업조합연합회가 위치하는 곳은?

① 서초구 반포동
② 마포구 상암동
③ 강서구 외발산동
④ 강남구 역삼동

99 국회의사당과 가장 근접한 방송국은?

① 서울방송   ② 불교방송
③ 교통방송   ④ 한국방송공사

100 도봉역에서 가장 멀리 떨어져 있는 곳은?

① 도봉구청   ② 서울북부지방법원
③ 도봉경찰서   ④ 성균관대학교 도봉선수촌

101 장충체육관을 갈 때 가장 가까운 지하철역은?

① 충무로역   ② 동대입구역
③ 왕십리역   ④ 동대문역사문화공원역

102 '서울시립대학교'의 소재지는?

① 성북구(안암동)   ② 동대문구(전능동)
③ 서대문구(신촌동)   ④ 동대문구(회기동)

103 '서울숲공원'의 소재지는?

① 동대문구   ② 광진구
③ 중랑구   ④ 성동구(성수동 1가)

104 서울특별시의 새로운 랜드마크인 '롯데월드타워'의 소재지는?

① 중구(소공동)   ② 송파구 올림픽로(신천동)
③ 중구(명동)   ④ 송파구(잠실동)

105 '강남운전면허시험장'에서 가장 가까운 지하철역은?

① 강남역   ② 삼성역
③ 선릉역   ④ 잠실종합운동장역

106 '서울(강남)고속버스터미널'에서 가장 가까운 곳에 있는 호텔은?

① JW메리어트호텔   ② 팔래스호텔
③ 호텔신라   ④ 캐피탈호텔

107 '대한체육회 태릉선수촌'의 소재지는?

① 강동구   ② 송파구
③ 중랑구   ④ 노원구(공릉동)

108 '마포구 아현교차로에서 공덕오거리 – 마포대교'로 연결되는 도로는?

① 아현로   ② 신촌로
③ 연희로   ④ 마포대로

정답 88.② 89.③ 90.① 91.③ 92.② 93.② 94.① 95.④ 96.① 97.④ 98.④ 99.④ 100.③ 101.② 102.② 103.④ 104.② 105.② 106.① 107.④ 108.④

109 '동서울종합터미널과 테크노마트'의 소재지는?

① 성동구(마장동)　　② 동대문구
③ 광진구(구의동)　　④ 중랑구(상봉동

110 양화대교 남단을 연결하는 도로는?

① 영등포로　　② 선유로
③ 남부순환로　　④ 등촌로

111 어린이대공원 후문에서 망우동에 이르는 도로명은?

① 겸재로　　② 용마산로
③ 면목로　　④ 사가정로

112 용산 가족공원 앞 도로명은?

① 한강대로　　② 녹사평대로
③ 서빙고로　　④ 이촌로

113 인제대학교 서울백병원은 어느 구에 있는가?

① 용산구　　② 중구
③ 서대문구　　④ 동대문구

114 여의도에서 영등포 로터리로 이어지는 다리는?

① 서울교　　② 여의교
③ 선유교　　④ 마포대교

115 원효로에서 여의도로 건너야 할 다리는?

① 서강대교　　② 원효대로
③ 마포대교　　④ 한강대교

116 여의도동에 소재한 건물로만 묶인 것은?

① KBS 본사, 63빌딩, 전경련회관
② 서울고용노동청, IBK기업은행 본점, 63빌딩
③ KBS 본사, 여의도순복음교회, 서울시교육청
④ 국회의사당, 대한상공회의소, 여의도순복음교회

117 SETEC(세텍, 무역전문전시장)이 있는 지하철역은?

① 대치역　　② 학여울역
③ 삼성역　　④ 대청역

118 옥수동에서 압구정동으로 갈 때 건너야 할 대교는?

① 청담대교　　② 성수대교
③ 한강대교　　④ 동호대교

119 다음 중 '가톨릭대학교 서울성모병원'이 소재한 곳은?

① 삼성역 옆
② 일원역 옆
③ 서울고속버스터미널 뒤
④ 강남경찰서 옆

120 '이화여자대학교'의 소재지는?

① 마포구　　② 서대문구(신촌동)
③ 은평구　　④ 서대문구(대현동)

121 종로구 '종로4가사거리'부근에 소재하지 않는 곳은?

① 혜화경찰서　　② 광장시장
③ 낙원상가　　④ 종묘광장공원

122 '성수역에서 삼성역 코엑스(COEX)'로 가는 승객을 태우고 가장 빨리 가려면 어느 대교를 이용하여야 하는가?

① 원효대교　　② 올림픽대교
③ 성수대교　　④ 영동대교

123 '영등포로터리와 여의도교차로'를 연결하는 다리는?

① 여의교　　② 파천교
③ 서울교　　④ 여의2교

124 '한국소방안전원'의 소재지는?

① 종로구(삼청동)
② 영등포구(영등포동)
③ 종로구(효자동)
④ 영등포구(여의도동)

125 다음 중 '광진구 광나루역과 강동구 천호역'을 연결하는 교량은?

① 올림픽대교　　② 성수대교
③ 광진교　　④ 천호대교

126 봉은사로와 교차하는 도로는?

① 언주로　　② 새문안길
③ 세종로　　④ 율곡로

127 다음 중 강북에 위치하지 않는 병원은?

① 경희의료원　　② 삼성서울병원
③ 서울위생병원　　④ 고려대학교의료원

128 동대문구에 위치하지 않는 곳은?

① 경동시장　　② 휘경여중
③ 경희대학교　　④ 고려대학교

129 연결이 잘못된 것은?

① 성동구 – 화양동　　② 광진구 – 구의동
③ 강남구 – 일원동　　④ 은평구 – 응암동

130 성북구에서 종로구를 지나는 터널은?

① 북악터널　　② 금화터널
③ 까치산터널　　④ 남산터널

정답　**109.**③ **110.**② **111.**② **112.**③ **113.**② **114.**① **115.**② **116.**① **117.**② **118.**④ **119.**③ **120.**④ **121.**③ **122.**④ **123.**③ **124.**② **125.**④ **126.**① **127.**② **128.**④ **129.**① **130.**①

131 '인천공항고속도로'에 직접 진입할 수 없는 도로는?

① 올림픽대로　　　　② 강변북로
③ 서울외곽순환도로　④ 개화동로

132 '한국교통안전공단 서울지부'부근에 있지 않는 곳은?

① 마포구청　　　　　② 서울월드컵경기장
③ 마포경찰서　　　　④ 마포농수산물시장

133 강동구 '천호사거리(천호역)'부근에 있지 않은 것은?

① 현대백화점　　　　② 풍납토성
③ 서울아산병원　　　④ 이마트(천호점)

134 '영동대교 북단 – 태릉입구 – 노원역 – 의정부시'로 이어지는 도로는?

① 동이로　　　　　　② 동일로
③ 능동로　　　　　　④ 노원로

135 중구 소재 '장충체육관'부근에 있는 호텔은?

① 신라호텔　　　　　② 롯데호텔
③ 퍼시픽호텔　　　　④ 메리어트호텔

136 강남세브란스병원의 위치는?

① 강남구 일원동　　　② 강남구 논현동
③ 강남구 도곡동　　　④ 강남구 역삼동

137 용산구에 있는 호텔은?

① 그랜드하얏트호텔, 크라운관광호텔, 해밀턴호텔
② 서울로얄호텔, 프레지던트호텔, 코리아나호텔
③ 서울팔레스호텔, 르 메르디앙 서울호텔, 뉴월드 호텔
④ 서울힐튼호텔, 더 플라자호텔, 세종호텔

138 '서울어린이대공원 정문과 세종대학교'사이를 지나는 도로는?

① 천호대로　　　　　② 광나루로
③ 자양로　　　　　　④ 능동로

139 '지하철1호선 창동역'주변에 있지 않는 곳은?

① 도봉경찰서　　　　② 노원세무서
③ 농협하나로클럽　　④ 서울북부지방법원

140 '지하철4호선 · 7호선 노원역'부근에 있지 않는 곳은?

① 노원경찰서
② 도봉운전면허시험장
③ 노원구청
④ 서울교통공사 창동차량기지

141 용산구 '삼각지역(삼각지교차로)'부근에 있지 않는 곳은?

① 전쟁기념관　　　　② 서울지방보훈청
③ 용산경찰서　　　　④ 용산소방서

142 청계천로 '청계광장'의 소재지는?

① 종로구 관철동
② 종로구 서린동
③ 종로구 무교동
④ 종로구 관수동

143 올림픽대로와 연결되지 않는 도로는?

① 선유로　　　　　　② 여의대로
③ 동작대로　　　　　④ 마포대로

144 옥수역에서 금호역, 약수역에 이르는 도로명은?

① 언주로　　　　　　② 논현로
③ 동호로　　　　　　④ 왕산로

145 도봉구청의 관할 동이 아닌 것은?

① 창동　　　　　　　② 수유동
③ 쌍문동　　　　　　④ 방학동

146 상암동 월드컵경기장 주변에 있는 공원이 아닌 것은?

① 평화의공원　　　　② 하늘공원
③ 난지천공원　　　　④ 마로니에공원

147 서울시 교통회관이 있는 곳은?

① 송파구 송파대로　② 송파구 올림픽로
③ 강동구 천호대로　④ 강남구 테헤란로

148 성수역에서 코엑스로 가는 손님이 있을 때, 어느 다리를 이용해야 하는가?

① 영동대교　　　　　② 성수대교
③ 한남대교　　　　　④ 동호대교

149 영등포 로터리와 여의도를 연결하는 다리는?

① 오목교　　　　　　② 여의교
③ 여의2교　　　　　④ 서울교

150 송파구 견인차량보관소의 위치는?

① 가락시장 옆 탄천부지
② 가든파이브 옆 고가도로 아래
③ 잠실종합운동장 주차장
④ 올림픽공원 주차장

151 인터컨티넨탈 서울코엑스의 위치는?

① 서초구 방배동　　② 강남구 삼성동
③ 종로구 내자동　　④ 송파구 가락본동

152 중국 대사관의 위치는?

① 중구 명동 2가　　② 용산구 남영동
③ 중구 남산동　　　④ 종로구 안국동

정답　131.④ 132.③ 133.③ 134.② 135.① 136.③ 137.① 138.④ 139.④ 140.① 141.③ 142.② 143.④ 144.③ 145.② 146.④ 147.② 148.① 149.④ 150.② 151.② 152.①

153 종각역에서 가장 멀리 떨어진 곳은?
① 영풍빌딩　　② SC제일은행
③ 종로귀금속거리　　④ 종로타워

154 중랑구 관내에 있는 건물이 아닌 것은?
① 서울시립대학교　　② 상봉시외버스터미널
③ 중랑구청　　④ 서일대학교

155 한강대교에 있는 섬은?
① 여의도　　② 선유도
③ 노들섬　　④ 밤섬

156 위치와 병원이 잘못 짝지어진 것은?
① 중구 저동 – 서울백병원
② 서대문구 신촌동 – 신촌세브란스병원
③ 종로구 평동 – 서울적십자병원
④ 성북구 안암동 – 서울대병원

157 종로구에 소재하는 병원은?
① 강북삼성병원　　② 서울아산병원
③ 서울백병원　　④ 이대목동병원

158 종로2가 교차로에서 가장 먼 곳은?
① 탑골공원　　② 서울혜화경찰서
③ 보신각　　④ 낙원동 악기상가

159 종로구 세종로에 소재한 대사관은?
① 프랑스 대사관　　② 중국 대사관
③ 미국 대사관　　④ 일본 대사관

160 지하철역 중 천호대로 상에 위치하지 않은 역은?
① 건대입구역　　② 아차산역
③ 신답역　　④ 군자역

161 서울지하철 노선 중 '청량리역–신설동역–시청역–서울역'을 지나는 것은?
① 지하철 1호선　　② 지하철 2호선
③ 지하철 3호선　　④ 지하철 4호선

162 다음 역 중에서 '호남선KTX'를 탈 수 있는 곳은?
① 서울역　　② 서울서부역
③ 영등포역　　④ 용산역

163 '대한상공회의소'가 소재한 곳은?
① 중구 남대문로1가
② 종로구 종각역 옆
③ 중구 충무로역 옆
④ 종로구 대학로(연건동)

164 '대한민국 보물1호의 명칭과 소재지'가 맞게 연결된 것은?
① 창경궁 – 종로구　　② 경복궁 – 종로구
③ 독립문 – 서대문구　　④ 동대문 – 종로구

165 '광화문광장'인근에 소재하지 않는 것은?
① 미국대사관　　② 감사원
③ 세종문화회관　　④ 정부서울청사

166 다음 주한 대사관 중 '서대문구'에 소재한 것은?
① 주한 미국대사관　　② 주한 러시아대사관
③ 주한 프랑스대사관　　④ 주한 독일대사관

167 도봉로와 방학로가 교차하는 '방학사거리'인근에 있는 것은?
① 도봉소방서　　② 도봉세무서
③ 도봉경찰서　　④ 도봉구청

168 '서울금천경찰서'의 소재지는?
① 금천구(독산동)　　② 금천구(시흥대로)
③ 금천구(가산동)　　④ 관악구 남부순환로(신림동)

169 전통혼례장소로 유명한 '한국의 집'의 소재지는?
① 중구 필동2가　　② 종로구 북촌로
③ 중구 명동성당 옆　　④ 종로구 안국동

170 '영동대교북단교차로 – 삼성역 – 일원터널사거리'를 연결하는 도로는?
① 봉은사로　　② 도산대로
③ 언주로　　④ 영동대로

171 특허청 서울사무소가 위치하고 있는 곳은?
① 중구　　② 강남구
③ 종로구　　④ 서초구

172 운전면허시험장과 소재지가 잘못 연결된 것은?
① 서부운전면허시험장 – 상수동
② 강서운전면허시험장 – 외발산동
③ 도봉운전면허시험장 – 상계동
④ 강남운전면허시험장 – 대치동

173 한남오거리에서 응봉삼거리로 연결된 도로는?
① 삼청로　　② 고산자로
③ 독서당로　　④ 도산대로

174 '종합병원과 소재지'가 잘못 연결된 것은?
① 삼성서울병원 – 강남구 일원동
② 서울아산병원 – 송파구 풍납동
③ 서울성모병원 – 서초구 반포동
④ 원자력병원 – 용산구 한남동

175 동일로와 연결되는 다리는?

① 성수대교   ② 영동대교
③ 청담대교   ④ 잠실대교

176 '도봉운전면허시험장'의 소재지는?

① 도봉구 도봉동   ② 도봉구 방학동
③ 도봉구 중계동   ④ 도봉구 상계동

177 'MBC신사옥'의 소재지는?

① 영등포동 여의도동   ② 중구 정동
③ 마포구 상암동   ④ 고양시 일산동

178 아름다운 비원이 있는 '창덕궁'의 소재지는?

① 중구
② 동대문구
③ 서대문구
④ 종로구 율곡로(와룡동)

179 전통시장인 '방산시장'에서 가장 가까운 곳에 있는 전철역은?

① 종로3가역   ② 종로5가역
③ 동대문역   ④ 을지로4가역

180 다음 중 '남부교도소'가 소재한 곳은?

① 구로구 고척교 부근
② 구로구 천왕역 옆
③ 송파구 문정역 옆
④ 송파구 송파I.C 부근

181 청계천과 접하지 않은 도로는?

① 새문안로   ② 다산로
③ 창경궁로   ④ 무학로

182 테헤란로에 없는 역은?

① 강남역   ② 교대역
③ 역삼역   ④ 선릉역

183 숙명여자대학교 인근에 있는 공원은 무엇인가?

① 효창공원   ② 올림픽공원
③ 낙산공원   ④ 도산공원

184 프랑스 대사관은 어느 구에 있나?

① 종로구   ② 중구
③ 용산구   ④ 서대문구

185 성수사거리에서 동일로를 따라 영동대교를 건너면 어떤 도로와 만나게 되는가?

① 강남대로   ② 도산대로
③ 테헤란로   ④ 동작대로

186 홍익대학교 서울캠퍼스의 위치는?

① 마포구 도화동   ② 마포구 상수동
③ 종로구 연건동   ④ 종로구 이화동

187 청와대 앞을 개방하여 차로 진입할 수 있는 곳은?

① 구기터널, 경복궁, 국립중앙박물관
② 통의동, 창성동, 효자동, 궁정동
③ 무악재, 독립문, 서대문, 녹번동
④ 부암동, 홍제동, 홍은동, 불광동

188 한양대학교 병원의 위치는?

① 동대문구 휘경동
② 노원구 월계동
③ 성동구 사근동
④ 동작구 신대방동

189 원자력병원이 있는 구는?

① 동대문구   ② 중랑구
③ 도봉구   ④ 노원구

190 프랑스 문화원은 어느 구에 있나?

① 서대문구   ② 중구
③ 종로구   ④ 강남구

191 강남구 테헤란로에 있는 '삼성전자 서초사옥'에서 가장 가까운 곳에 있는 전철역은?

① 선릉역   ② 역삼역
③ 삼성역   ④ 강남역

192 '서울풍물시장'이 소재한 곳은?

① 천호대로(신설동)   ② 동묘앞역 옆
③ 청량리역 광장   ④ 종로구(인사동)

193 '중국대사관'이 소재한 곳은?

① 중구(명동)   ② 서대문구
③ 중구(정동)   ④ 용산구(한남동)

194 '공원·길과 소재지'가 잘못 연결된 것은?

① 가로수길 – 신사동
② 거리공원 – 구로동
③ 경리단길 – 이촌동
④ 몽마르뜨공원 – 서초동

195 '성수대교북단에서 왕십리역오거리 – 경동시장'으로 연결되는 도로는?

① 응봉로   ② 고산자로
③ 독서당로   ④ 왕십리로

정답   175.② 176.④ 177.③ 178.④ 179.④ 180.② 181.① 182.② 183.① 184.④ 185.② 186.② 187.② 188.③ 189.④ 190.② 191.④ 192.① 193.① 194.③ 195.②

196 서초구 소재 '예술의 전당'인근에 있지 않은 곳은?

① 오페라하우스　　② 국립국악원
③ 국립민속박물관　④ 서예박물관

197 다음 도로 중 '신설동역오거리(신설동로터리)'와 연결되지 않은 것은?

① 고산자로　　② 종로
③ 보문로　　　④ 천호대로

198 '양화교에서 서울교남단'까지 올림픽대로와 나란히 진행하는 도로는?

① 노들로　　　② 양평로
③ 여의동로　　④ 버드나루로

199 '지하철3호선 안국역'부근에 소재하지 않는 곳은?

① 종로경찰서　② 창경궁
③ 헌법재판소　④ 운현궁

200 TBS 교육방송이 소재한 곳은?

① 중구 신당동　　② 용산구 한남동
③ 마포구 상암동　④ 영등포구 여의도동

201 강서구청, 강서경찰서 앞을 지나는 도로는?

① 화랑로　　② 미아로
③ 화곡로　　④ 도봉로

202 광진경찰서는 무슨 동에 있나?

① 구의동　　② 화양동
③ 능동　　　④ 자양동

203 기상청은 어디에 있는가?

① 서대문구 신촌동　② 양천구 목동
③ 동작구 신대방동　④ 동대문구 청량리동

204 몽촌토성은 어느 대교 남단에 위치하는가?

① 청담대교　② 잠실대교
③ 천호대교　④ 올림픽대교

205 SBS 본사가 위치해 있는 곳은?

① 중구 예장동　　② 양천구 목동
③ 마포구 마포동　④ 영등포구 여의도동

2. 경기도 지리 핵심정리

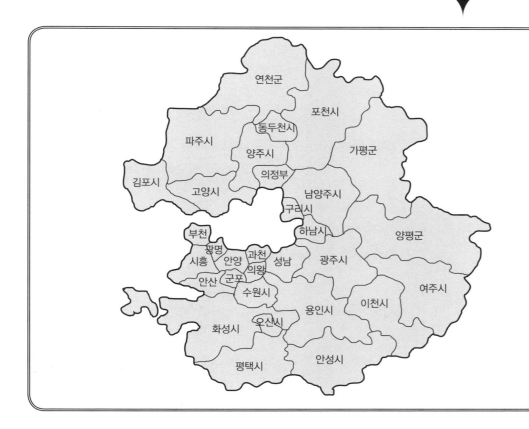

- **면적 : 약 10,167㎢(18.12.31 기준)**
- **행정구분 : 28시 3군**
- **인구 : 약 1,340만명(18.12.31 기준)**
- **도의 나무 : 은행나무**
- **도의 꽃 : 개나리**
- **도의 새 : 비둘기**

※경기도 지역 응시자용

1. 가평군

⊙ 주변 명소

산	명지산, 유명산, 화악산, 운악산, 수덕산
휴양림	유명산자연휴양림, 청평자연휴양림, 용추자연휴양림, 아침고요수목원
계곡	명지계곡, 귀목계곡, 조무락계곡
호수	청평호수(청평호반), 호명호수
폭포	용추폭포, 명지폭포, 용소폭포, 무지개폭포, 백년폭포
관광지	대성리국민관광유원지, 안전유원지
문화유적	뉴질랜드 6.25 참전기념비, 영연방 참전기념비, 학도의용대 참전기념비
기타	자라섬, 쁘띠프랑스

2. 고양시

⊙ 주요기관 및 학교

기관	의정부지방법원고양지원 · 의정부지방검찰청고양지청, 킨텍스(KINTEX)
학교	한국항공대학교(덕양구 화전동)
기타	일산MBC드림센터, SBS일산제작센터, 동국대학교 일산병원, 일산백병원

⊙ 주변 명소

산	북한산, 정반산, 망월산
공원	일산호수공원(동양 최대의 인공호수), 고양꽃전시관
문화유적	북한산성, 행주산성과 행주대첩비, 고려 공양왕릉(고려 마지막 왕의 릉), 서오릉, 최영장군 묘, 목암미술관, 송포의 백송

3. 과천시

⊙ **주요기관 :** 정부과천종합청사, 중앙선거관리위원회, 서울지방 국토관리청, 서울지방벤처기업청, 경인지방통계청, 국립현대 미술관, 마사박물관

⊙ 주변 명소

산	관악산(연주대), 청계산
사찰	보광사, 연주암
공원	서울대공원, 서울랜드, 서울경마공원(렛츠런 파크 서울)
문화유적	온온사

4. 광명시

⊙ **주요기관 :** 광명역(KTX)

⊙ 주변 명소

산	도덕산, 구름산
공원	도덕산공원, 광명공원
문화유적	이원익기념관, 광명동굴, 충현서원

5. 광주시

⊙ **학교 :** 서울장신대학교(경안동)

⊙ 주변 명소

관광지	남한산성과 남한산성도립공원, 팔당호
문화유적	남한산성 행궁지, 수어장대, 조선백자도요지, 천진암성지, 곤지암, 소내성, 허난설현 묘, 광주 유정리석불좌상

6. 구리시

⊙ 주변 명소

산	아차산
공원	장자호수공원, 구리한강시민공원(코스모스공원)
문화유적	동구릉(조선시대 왕과 왕비가 안장된 9개릉으로 구성된 대한민국 최대의 왕릉군), 고구려대장간마을
기타	한양대학교 구리병원, 구리농수산물도매시장

7. 군포시

⊙ **학교** : 한세대학교(당정동)

⊙ **주변 명소**

산과 저수지	수리산, 반월호수
기타	안양컨트리클럽, 누리천문대

8. 김포시

⊙ **주변 명소(문화유적)** : 문수산성, 애기봉과 애기봉전망대, 감암포나루, 덕포진(외세침공에 대비하여 설치한 조선시대 군영)

9. 남양주시

⊙ **주변 명소**

산	예봉산, 운길산, 천마산, 축령산, 불암산, 수락산
사찰	수종사, 봉선사
계곡	비금계곡, 수동계곡
관광지	팔당유원지, 수동국민관광지, 밤섬유원지, 물의 정원, 피아노폭포, 축령산자연휴양림, 스타힐리조트스키장(구, 천마산스키장)
문화유적	다산 정약용유적지, 광해군 묘, 흥선대원군 묘, 광릉, 홍유릉, 사릉
기타	남양주종합촬영소(구, 서울종합촬영소)

10. 동두천시

⊙ **주변 명소**

산	소요산, 왕방산, 마차산
계곡	왕방계곡, 쇠목계곡, 탑동계곡
사찰	자재암(원효대사가 창건)
문화유적	어유소장군 묘, 자유수호평화박물관, 벨기에·룩셈부르크 참전기념탑
기타	소요산탑유황온천

11. 부천시

⊙ **학교** : 가톨릭대학교 성심교정(역곡동), 부천대학(심곡동), 유한대학(괴안동), 경기예술고등학교(중동)

⊙ **병원** : 가톨릭대학교 부천성모병원(소사동), 순천향대학교 부천병원(중동)

⊙ **주변 명소**

박물관	한국만화박물관, 자연생태박물관
기타	OBS 경인TV, 한국만화영상진흥원, 부천국제판타스틱영화제, 아인스월드

12. 성남시

⊙ **주요기관 및 학교·병원** : 성남서울공항(수정구 심곡동), 가천대학교 글로벌캠퍼스(수정구 복정동), 동서울대학교(수정구), 신구대학(수정구), 분당서울대학교병원(분당구 구미동), 분당차병원(분당구 야탑동)

⊙ **주변 명소(공원)** : 율동자연공원, 탑골공원, 정자공원, 분당중

앙공원, 낙생대공원, 희망대공원, 노루목공원

⊙ **기타** : 모란시장, 신구대학식물원

13. 수원시

⊙ **주요기관**

소재지	주요기관
권선구	권선구청(탑동), 수원서부경찰서(탑동), 경기도소방재난본부·경기도시공사(권선동), 한국교통안전공단 경인남부본부(서둔동), 경인지방우정청(탑동)
영통구	영통구청(매탄동), 수원남부경찰서(매탄동), 수원지방법원·수원지방검찰청(원천동)
장안구	장안구청(조원동), 경기남부지방경찰청(연무동), 수원소방서·수원중부경찰서(정자동), 경기도교육청(조원동), 중부지방국세청(파장동), 경기도택시운송조합(파장동), 경기도교통연수원(조원동), 고용노동부경기지청(천천동)
팔달구	경기도청(매산로3가), 수원시청(인계동), 팔달구청(매향동), 수원세무서(매산로3가), 경인지방병무청(화서동), 한국소방안전원 경기지부(화서동)

⊙ **학교 및 종합병원** : 성균관대학교(장안구 천천동), 아주대학교(영통구 원천동), 경기대학교(영통구 이의동), 수원외국어고교(영통구 이의동), 경기과학고등학교(장안구 송죽동), 아주대학교병원(영통구 원천동), 가톨릭대 성빈센트병원(팔달구 지동), 경기도의료원수원병원(장안구 정자동)

⊙ **기타** : 수원월드컵경기장(팔달구 우만동), 수원시민회관(팔달구 매산로3가), 서울대수목원(권선구), 성균관대식물원(권선구)

14. 시흥시

⊙ **학교** : 한국산업기술대학교(정왕동), 한국조리과학고등학교(과림동)

⊙ **주변 명소**

산	소래산, 운흥산, 군자봉
공원	옥구도자연공원, 관곡지(연꽃테마파크), 갯골생태공원, 용도수목원
관광지	물왕저수지, 월곶포구, 오이도
문화유적	조남리 지석묘, 강희맹선생 묘

15. 안산시

⊙ **주요기관 및 학교** : 수원지방법원안산지원·수원지방검찰청안산지청(단원구 고잔동), 안산운전면허시험장(단원구 와동), 한양대학교 ERI-CA(에리카)캠퍼스(상록구 사동), 안산대(상록구 일동), 신안산대(단원구 초지동), 서울예술대학(단원구 고잔동)

⊙ **주변 명소**

산	황금산, 노적봉
공원·관광지	안산호수공원, 안산시민공원, 화랑유원지, 화랑저수지, 사동공원, 시화호, 시화방조제, 방아다리해수욕장, 달전망대, 탄도항
섬	대부도, 구봉도, 풍도, 육도
문화유적	성호기념관, 이익선생 묘

16. 안성시

⊙ **학교** : 중앙대학교 안성캠퍼스(대덕면), 한경대학(석정동), 두원공과대학(죽산면), 동아방송예술대학(삼죽면)

⊙ **주변 명소**

산	서운산, 천덕산, 칠현산
사찰	청룡사, 굴암사, 칠장사, 청원사, 석남사
호수	고삼호수, 금광호수, 만수저수지
관광지	농협안성팜랜드, 안성허브마을, 서일농원
문화유적	서운산성, 죽주산성, 죽산성지, 미리내성지(김대건신부의 묘가 있음), 청룡사 동종

17. 안양시

⊙ **학교** : 성결대학교(만안구 안양동), 대림대학(동안구 비산동), 연성대학(만안구 안양동), 안양대학(만안구 안양동), 경인교육대학교 경기캠퍼스(만안구 석수동)

⊙ **주변 명소**

산	관악산, 수리산, 삼성산
사찰	삼막사
공원	수리산도립공원, 안양예술공원(구,안양유원지), 평촌중앙공원, 자유공원, 병목안시민공원

18. 양주시

⊙ **주변 명소**

산	불곡산, 천보산, 노고산
공원 · 유원지	송추계곡(송추유원지), 장흥관광지(장흥유원지), 장흥아트파크, 일영유원지, 장흥자생수목원, 남경수목원, 송암천문대
문화유적	화암사지(터), 회암사지 선각왕사비, 양주 관아지(터), 온릉(조선 중종왕비능), 권율장군 묘

19. 양평군

⊙ **주변 명소**

산	용문산, 중미산, 백운봉
계곡	벽계구곡, 용계계곡, 사나사계곡, 중원계곡(중원폭포)
사찰	상원사, 용문사
휴양림	용문산자연휴양림, 산음자연휴양림, 중미산자연휴양림
관광지	두물머리(양수리), 세미원(물과 꽃의 정원), 수미마을(365일 계절별 공(公)정(正)축제가 열리는 마을)
문화유적	상원사 철조여래좌상, 용문사의 은행나무(천연기념물 제30호), 함왕성지(고려시대 성터)

20. 여주시

⊙ **주변 명소**

사찰	신륵사, 흥왕사, 대법사
골프장	이포컨트리클럽, 여주컨트리클럽, 신라컨트리클럽
관광지	황학산수목원과 여주산림박물관, 금은모래강변공원, 해여림빌리지, 목아박물관
문화유적	영릉(세종대왕릉), 효종대왕릉, 명성황후 생가, 고달사지 부도(국보 제4호), 파사성, 이포나루, 그리스 참전기념비

21. 연천군

⊙ **주변 명소**

산	고대산, 종현산
관광지	한탄강관광지, 동막골유원지, 태풍전망대, 임진강, 제1땅굴, 재인폭포, 열두개울계곡
문화유적	전곡선사유적지, 전곡선사박물관, 경순왕릉(신라 마지막왕), 숭의전지(조선시대 사당건물터)

22. 오산시

⊙ **학교** : 한신대학교(양산동), 오산대학(청학동)

⊙ **주변 명소**

관광지	경기도립 물향기수목원, 유엔 참전기념공원
문화유적	궐리사(경기도기념물 제147호), 독산성(백제시대의 산성)과 세마대지

23. 용인시

⊙ **주요기관 및 학교** : 도로교통공단 경기도지부(기흥구 영덕동), 용인운전면허시험장(기흥구 신갈동), 경희대학교 국제캠퍼스(기흥구 서천동), 강남대학교(기흥구 구갈동), 한국외국어대학교 글로벌캠퍼스(처인구 모현면), 단국대학교 죽전캠퍼스(수지구 죽전동), 명지대학교 자연캠퍼스(처인구 남동), 용인대학교(처인구 삼가동)

⊙ **주변 명소**

선	구봉산, 백운산, 광교산, 은이산, 태봉산
사찰	와우정사(누워있는 불상), 법륜사, 화운사
관광지	한국민속촌, 에버랜드, 한택식물원, 등잔박물관
문화유적	처인성(고려시대 토성), 민영환선생 묘
스키장 · 골프장	양지파인리조트스키장(처인구 양지면), 88컨트리클럽, 지산C.C, 한성C.C, 용인C.C

24. 의왕시

⊙ **학교** : 한국교통대학교 의왕캠퍼스(구,철도대학), 계원예술대학교, 경기외국어고등학교

⊙ **주변 명소**

산	모락산, 백운산, 청계산, 바라산자연휴양림
사찰	청계사, 백운사
호수	백운호수, 왕송호수
기타	철도박물관

25. 의정부시

⊙ **주요기관** : 경기도북부청사(신곡동), 의정부지방법원 · 의정부지방검찰청(가능동), 경기북부지방경찰청(금오동), 경기도교육청북부청사(금오동), 의정부운전면허시험장(금오동), 경기도 택시운송조합북부지구

⊙ **학교 및 종합병원** : 신흥대학, 경민대학, 가톨릭대학교 의정부성모병원

⊙ 주변 명소

산	사패산, 부용산
사찰	망월사, 회룡사, 호암사, 석림사, 원효사
공원	낙양물사랑공원, 직동테마공원
문화유적	망월사 혜거국사 부도, 회룡사 5층석탑, 신숙주선생 묘

26. 이천시

⊙ 주변 명소

산	설봉산, 도드람산, 원적산
사찰	연화정사, 신흥사, 영원사
관광지	설봉공원, 미란다호텔, 이천 온천관광단지, 도예단지, 지산리조트스키장
문화유적	어재연장군 생가, 설봉산성
특산품	이천쌀, 이천도자기

27. 파주시

⊙ 학교 : 웅지세무대학(탄현면)

⊙ 주변 명소

산	감악산, 심학산, 파평산
사찰	범륜사, 보광사, 약천사
폭포 · 공원	운계폭포, 통일공원, 마장호수
관광지	판문점, 오두산통일전망대, 임진각과 임진강국민관광지, 제3땅굴, 도라산전망대, 헤이리예술마을, 벽초지문화수목원, 프로방스마을, 공릉국민관광단지
문화유적	율곡이이 유적지와 자운서원, 파주삼릉, 파주장릉, 공릉, 신사임당 묘, 윤관장군 묘, 오두산성, 화석정
기타	파주출판단지, 서울시립용미리공원묘지

28. 평택시

⊙ 주변기관 및 학교 : 경기평택항만공사, 평택지방해양수산청, 평택항국제여객터미널, 국제대학, 평택대학

⊙ 주변 명소

공원 · 유원지	진위천시민유원지, 아산호와 아산만방조제, 바람새마을, 웃다리문화촌, 평택호관광지
문화유적	평택읍 객사, 원균 묘, 민세 안재홍선생 생가
기타	평택호(아산호) – 해변의 간석지형 호수(붕어 · 잉어 서식)

29. 포천시

⊙ 대학 : 대진대학교

⊙ 주변 명소

산	백운산(백운계곡), 왕방산, 운악산, 관음산, 가리산, 청계산, 보장산
사찰	자인사, 김용사, 청성사
호수 · 폭포	산정호수, 청계호수, 등룡폭포, 비선폭포, 비둘기낭폭포
유원지 · 휴양림	백로주유원지, 백운산자연휴양림, 국망봉자연휴양림, 운악산자연휴양림
관광지	국립산림박물관, 국립수목원(광릉수목원), 포천아트밸리, 허브아일랜드, 베어스타운리조트(스키장)
문화유적	화산서원(경기도기념물 제46호), 고모리산성, 영송리선사유적

30. 하남시

⊙ 주변 명소

산	검단산, 금암산, 천마산
문화유적	광주 춘궁리 삼층석탑(보물 제13호)
기타	미사리경정장(미사리조정경기장), 팔당대(남한강과 북한강이 합류)

31. 화성시

⊙ 주요기관 및 학교 : 경기도농업기술원(기산동), 수원대학교(봉담읍), 협성대학교(봉담읍), 수원가톨릭대학교(봉담읍), 신경대학교(남양읍)

⊙ 주변 명소

산	건달산, 서봉산, 태행산, 무봉산
사찰	용주사, 봉림사
섬 · 항구	제부도, 국화도, 어섬, 입파도, 전곡항, 궁평항, 남양호, 화성호, 화성방조제
휴양지	원문온천, 율암온천, 하피랜드
문화유적	제암리 3.1운동순국유적지, 건릉(정조의 능), 융릉(사도세자의 능), 효능왕후의 능, 남이장군 묘, 화성당성

2.경기도 지리 출제 예상 문제

01 경기도 내 안보관광지로 유명한 지역은?

① 파주시　　　　② 김포시
③ 포천시　　　　④ 연천시

02 경기도 유형문화제 제10호 우저서원이 있는 곳은?

① 김포시　　　　② 수원시
③ 안양시　　　　④ 화성시

03 가평군에 있는 산이 아닌 것은?

① 연인산　　　　② 명지산
③ 유명산　　　　④ 치악산

04 가평군과 관계없는 것은?

① 용추계곡　　　② 대성리 국민관광지
③ 산정호수　　　④ 청평호반

05 경기도 내 '국립삼림박물관'이 있는 곳은?

① 양주시　　　　② 파주시
③ 포천시　　　　④ 양평군

06 종합레저 리조트인 '베어스타운(리조트)'이 소재한 곳은?

① 가평군　　　　② 포천시
③ 양주시　　　　④ 연천군

07 가평군에 소재한 계곡이 아닌 것은?

① 명지계곡　　　② 귀목계곡
③ 녹수계곡　　　④ 백운계곡

08 경기도청 북부청사가 있는 곳은?

① 수원시　　　　② 의정부시
③ 김포시　　　　④ 성남시

09 경기도에 위치하지 않는 운전면허시험장은?

① 안산운전면허시험장
② 용인운전면허시험장
③ 의정부운전면허시험장
④ 서부운전면허시험장

10 경인지방통계청이 있는 위치는?

① 과천시　　　　② 부천시
③ 안산시　　　　④ 김포시

11 '국립수목원(광릉수목원)'이 있는 곳은?

① 남양주시　　　② 포천시
③ 가평군　　　　④ 동두천시

12 '포천시'에 소재하지 않는 곳은?

① 산정호수
② 국립수목원(광릉수목원)
③ 백운계곡
④ 백운호수

13 다음 유명한 사찰 중 경기도 내에 소재하지 않는 것은?

① 용주사　　　　② 와우정사
③ 수종사　　　　④ 직지사

14 수원과 오산을 연결하는 국도는?

① 1번 국도　　　② 3번 국도
③ 5번 국도　　　④ 7번 국도

15 문수산성이 위치하는 곳은?

① 포천시 신읍동　② 김포시 월곶면
③ 하남시 신장동　④ 구리시 교문동

16 서해안에서 제일 큰 섬 대부도가 위치하는 곳은?

① 평택시　　　　② 안산시
③ 화성시　　　　④ 김포시

17 수원지방검찰청 안산지청이 위치하는 곳은?

① 사동　　　　　② 성포동
③ 고잔동　　　　④ 원곡동

18 안산시 상록구 사동에 위치한 대학은?

① 안산1대학　　　② 경찰대학
③ 한양대학교　　　④ 칼빈대학교

19 천주교 김대건신부의 묘가 있는 곳은?

① 화성시　　　　② 안성시
③ 고양시　　　　④ 의정부시

20 남양주시에 위치하지 않는 것은?

① 예봉산　　　　② 천마산
③ 정약용선생묘　④ 남한산성

21 임진왜란 때 '행주대첩의 명장 권율장군 묘'가 있는 곳은?

① 포천시　　　　② 의정부시
③ 파주시　　　　④ 양주시

22 '통일공원 · 도라산전망대'가 있는 곳은?

① 동두천시　　　② 포천시
③ 양주시　　　　④ 파주시

정답 　01.① 02.① 03.④ 04.③ 05.③ 06.② 07.④ 08.② 09.④ 10.① 11.② 12.④ 13.④ 14.① 15.② 16.② 17.③ 18.③ 19.② 20.④ 21.④ 22.④

23 국민관광지인 '산정호수'가 있는 곳은?

① 포천시　　　　② 오산시
③ 양평군　　　　④ 가평군

24 통일을 기원하기 위해 세워진 '오두산 통일전망대'가 있는 곳은?

① 포천시　　　　② 동두천시
③ 파주시　　　　④ 고양시

25 조선시대 유학자 '율곡 이이의 유적지와 자운서원'이 있는 곳은?

① 포천시　　　　② 여주시
③ 파주시　　　　④ 양주시

26 경부고속도로와 영동고속도로가 만나는 곳은?

① 수원분기점　　　② 안성분기점
③ 신갈분기점　　　④ 판교분기점

27 고양시와 가장 근접 위치한 시는?

① 광명시　　　　② 남양주시
③ 김포시　　　　④ 포천시

28 경기도 신륵사가 위치한 지역은?

① 여주시　　　　② 화성시
③ 이천시　　　　④ 용인시

29 고양시 일산구에 위치하지 않는 역은?

① 탄현역　　　　② 마두역
③ 백석역　　　　④ 대곡역

30 경기도 택시운송사업조합이 소재한 도시는?

① 의정부시　　　② 성남시
③ 수원시　　　　④ 안양시

31 소금강이라 불리우는 '소요산'이 있는 곳은?

① 양주시　　　　② 포천시
③ 의정부시　　　④ 동두천시

32 '김포시'에 소재하지 않는 곳은?

① 문수산성
② 애기봉전망대
③ 감암포나루
④ 고석정

33 조선시대 대표적인 문인 '다산 정약용유적지'가 있는 곳은?

① 남양주시　　　② 파주시
③ 고양시　　　　④ 포천시

34 수원시에 소재하지 **않는** '경찰서'는?

① 수원동부경찰서
② 수원서부경찰서(탑동)
③ 수원중부경찰서(정자동)
④ 수원남부경찰서(매탄동)

35 '남양주시'에 소재하지 않는 곳은?

① 수동국민관광지
② 스타힐리조트
③ 베어스타운(리조트)
④ 다산 정약용유적지

36 과천시에 위치하지 않는 곳은?

① 서울대공원　　　② 에버랜드
③ 렛츠런파크 서울　④ 서울랜드

37 과천시와 관계가 없는 것은?

① 국사편찬위원회　② 국가공무원 인재개발원
③ 정부과천청사　　④ 사법연수원

38 광명시에 소재한 것이 아닌 곳은?

① 도덕산공원　　　② 충현서원지
③ 이케아　　　　　④ 롯데월드

39 남이장군묘소가 소재한 곳은?

① 남양주시　　　② 화성시
③ 가평군　　　　④ 고양시

40 김포시 월곶면에 있는 산성은?

① 문수산성　　　② 서운산성
③ 남한산성　　　④ 행주산성

41 다음 중 융릉이 있는 곳은?

① 오산시　　　　② 평택시
③ 화성시　　　　④ 안산시

42 용인시에 위치하지 않는 곳은?

① 에버랜드　　　② 한국민속촌
③ 강남대학교　　④ 국립현대미술관

43 안양시청이 위치하는 곳은?

① 박달동　　　　② 관양동
③ 호계동　　　　④ 안양1동

44 북녘 땅을 바라 볼 수 있는 '애기봉전망대'가 있는 곳은?

① 고양시　　　　② 김포시
③ 양주시　　　　④ 파주시

정답 23.① 24.③ 25.③ 26.③ 27.③ 28.① 29.④ 30.③ 31.④ 32.④ 33.① 34.① 35.③ 36.② 37.④ 38.④ 39.② 40.① 41.③ 42.④ 43.② 44.②

45 권율장군이 임진왜란 때 왜군을 물리친 '독산성'이 있는 곳은?

① 화성시   ② 오산시
③ 고양시   ④ 안산시

46 동양 최대 인공호수인 '일산호수공원'이 있는 곳은?

① 고양시   ② 포천시
③ 시흥시   ④ 안양시

47 경기도에서 '도자기와 쌀'이 가장 많이 생산되는 곳은?

① 광주시   ② 안성시
③ 여주시   ④ 이천시

48 '용인시'에 소재하지 않는 곳은?

① 경희대학교
② 도덕산공원
③ 에버랜드
④ 한국민속촌

49 다음 중 '명승지와 소재지'가 잘못 연결된 것은?

① 행주산성 – 고양시
② 천진암성지 – 광주시
③ 한국민속천 – 용인시
④ 산정호수 – 파주시

50 행정구역상 '남한산성'의 소재지는?

① 광주시   ② 용인시
③ 성남시   ④ 하남시

51 '양지파인리조트(콘도, 스키장)'이 소재한 곳은?

① 파주시   ② 용인시
③ 포천시   ④ 구리시

52 수원 '화성(華城)의 4대문'이 아닌 것은?

① 장안문   ② 창룡문
③ 팔달문   ④ 화홍문

53 '이천시'에 소재하지 않는 곳은?

① 설봉공원   ② 어재연장군 생가
③ 연화정사   ④ 에버랜드

54 '광주시'에 소재하지 않는 곳은?

① 팔당호   ② 천진암성지
③ 곤지암   ④ 동구릉

55 누워있는 불상으로 유명한 '와우정사'가 소재한 곳은?

① 여주시   ② 하남시
③ 용인시   ④ 오산시

56 팔당유원지가 있는 곳은?

① 연천군   ② 남양주시
③ 가평군   ④ 여주시

57 모란시장이 위치하는 곳은?

① 성남시   ② 하남시
③ 평택시   ④ 안성시

58 국립현대미술관이 위치한 곳은?

① 파주시   ② 용인시
③ 여주시   ④ 과천시

59 구리에서 대성리를 지나 청평으로 가는 도로는?

① 38번 국도   ② 39번 국도
③ 42번 국도   ④ 46번 국도

60 구리에서 남양주를 거쳐 포천으로 가는 국도는?

① 38번 국도   ② 44번 국도
③ 47번 국도   ④ 48번 국도

61 미사리 조정경기장이 위치하는 곳은?

① 하남시   ② 이천시
③ 안양시   ④ 김포시

62 북한강과 남한강이 만나는 곳에 설치된 '팔당댐'이 있는 곳은?

① 광주시   ② 구리시
③ 하남시   ④ 양평군

63 유네스코가 세계문화유산으로 지정한 '서오릉'이 있는 곳은?

① 고양시   ② 양주시
③ 구리시   ④ 성남시

64 송추유원지가 위치하는 곳은?

① 용인시   ② 양주시
③ 파주시   ④ 남양주시

65 서울대공원이 위치하는 지역은?

① 안양시   ② 서울시
③ 과천시   ④ 용인시

66 구리 – 남양주 – 가평을 잇는 도로명은?

① 43번   ② 44번
③ 45번   ④ 46번

67 크낙새 서식지인 광릉이 있는 곳은?

① 가평군   ② 포천시
③ 광주시   ④ 남양주시

정답 45.② 46.① 47.④ 48.② 49.④ 50.① 51.② 52.④ 53.④ 54.④ 55.③ 56.② 57.① 58.④ 59.④ 60.③ 61.① 62.③ 63.① 64.② 65.③ 66.④ 67.④

68 경기도 용문사가 위치하는 곳은?

① 평택시 ② 양평군
③ 가평군 ④ 의왕시

69 서울에서 자유의 다리까지 1972년에 완공한 도로는?

① 자유로 ② 통일로
③ 강변로 ④ 평화로

70 경기도에 위치하지 않는 산은?

① 치악산 ② 용문산
③ 유명산 ④ 수리산

71 '남한강과 북한강'이 만나는 곳의 지명은?

① 양평리 ② 양수리(두물머리)
③ 서포리 ④ 함수머리

72 경기도 시·군 중 '면적이 가장 넓은 곳'은?

① 화성시 ② 평택시
③ 양평군 ④ 고양시

73 '서울경마공원'의 소재지는?

① 성남시 ② 과천시
③ 용인시 ④ 이천시

74 대한민국 철도의 모든 것을 간직한 '철도박물관'이 소재한 곳은?

① 안양시 ② 의왕시
③ 광명시 ④ 용인시

75 오산시에 위치하지 않는 곳은?

① UN군 초전기념관
② 화성교육청
③ 한신대학교
④ 광릉 수목원

76 수도권 시민들의 휴양지로 각광받는 인공호수인 '백운호수'가 있는 곳은?

① 포천시 ② 안양시
③ 의왕시 ④ 군포시

77 다음 중 '장흥관광지(장흥유원지)'가 있는 곳은?

① 남양주시 ② 양주시
③ 의정부시 ④ 포천시

78 '시흥시'에 소재하지 않는 곳은?

① 물왕저수지 ② 월곶포구
③ 오이도 ④ 철도박물관

79 다음 학교 중 '안양시'에 소재하지 않는 곳은?

① 성결대학교 ② 연성대학교
③ 대림대학교 ④ 한세대학교

80 '안산시'에 소재하지 않는 곳은?

① 대부도 ② 시화방조제
③ 시화호 ④ 제부도

81 유명한 종합병원인 '분당서울대병원과 분당차병원'의 소재지는?

① 수원시 ② 고양시
③ 안양시 ④ 성남시

82 경기도 내에 소재한 산성이 아닌 것은?

① 북한산성 ② 행주산성
③ 온달산성 ④ 남한산성

83 중부내륙고속도로가 통과하는 지역은?

① 수원시 ② 평택시
③ 여주시 ④ 의정부시

84 양주시청이 위치하고 있는 곳은?

① 백석읍 ② 덕정동
③ 회정동 ④ 남방동

85 청평호반과 잣으로 유명한 지역은?

① 양평군 ② 여주시
③ 청평군 ④ 가평군

86 부천시청이 위치하는 곳은?

① 소사구 송내도 ② 원미구 중동
③ 오정구 오정동 ④ 원미구 원미동

87 서해안고속도로가 통과하지 않는 지역은?

① 오산 ② 발안
③ 매송 ④ 비봉

88 서울랜드가 위치한 곳은?

① 수원시 ② 안양시
③ 과천시 ④ 용인시

89 43번 국도가 이어지는 도로는?

① 서울-가평 ② 의정부-포천
③ 수원-안산 ④ 용인-팔달유원지

90 수원시의 사대문에 속하지 않는 것은?

① 팔달문 ② 영은문
③ 장안문 ④ 창룡문

정답 68.② 69.② 70.① 71.② 72.③ 73.② 74.② 75.④ 76.③ 77.② 78.④ 79.④ 80.④ 81.④ 82.③ 83.③ 84.④ 85.④ 86.② 87.① 88.③ 89.② 90.②

91 남한강변의 천년고찰 '신륵사'가 소재한 곳은?

① 이천시   ② 남양주시
③ 양평군   ④ 여주시

92 '한국교통안전공단 경인남부본부'의 소재지는?

① 수원시(서둔동)   ② 안양시
③ 안산시   ④ 과천시

93 '제암리 3.1운동 순국유적지'가 있는 곳은?

① 오산시   ② 용인시
③ 화성시   ④ 수원시

94 '경기도 교통연수원'이 소재한 곳은?

① 수원시 장안구(조원동)
② 안산시 단원구
③ 수원시 권선구(파장동)
④ 안산시 상록구

95 경기도내 '산성과 소재지'가 잘못 연결된 것은?

① 행주산성 – 고양시   ② 남한산성 – 광주시
③ 문수산성 – 김포시   ④ 북한산성 – 남양주시

96 'OBS 경인TV'본사가 소재한 곳은?

① 인천광역시   ② 수원시
③ 과천시   ④ 부천시(오정동)

97 조선 세조 때 무신 '남이장군의 묘'가 소재한 곳은?

① 화성시   ② 파주시
③ 고양시   ④ 평택시

98 '안성시'에 소재하지 않는 곳은?

① 미리내성지   ② 서운산성
③ 죽주산성   ④ 물향기수목원

99 놋그릇(유기)을 많이 생산하여, '안성맞춤'이란 말이 유래한 곳은?

① 이천시   ② 안성시
③ 여주시   ④ 과천시

100 '평택시에서 아산시'를 연결하는 방조제는?

① 대호 방조제
② 아산만 방조제
③ 시화 방조제
④ 서해안 방조제

101 서울시 북쪽에 있으며 '부대찌개'로 유명한 지역은?

① 포천시   ② 의정부시
③ 동두천시   ④ 연천군

102 자연을 벗삼아 휴양할 수 있는 공간 '축령산자연휴양림'의 소재지는?

① 가평군, 포천시   ② 가평군, 양주시
③ 가평군, 남양주시   ④ 남양주시, 양평군

103 도시 속 여름피서지로 유명한 '광명동굴'이 있는 곳은?

① 광명시   ② 안양시
③ 부천시   ④ 시흥시

104 북한이 휴전선 비무장지대 지하에 굴착한 제1땅굴이 있는 곳은?

① 파주시   ② 가평군
③ 포천시   ④ 연천군

105 서울과 구리시에 연결되어 있는 산은?

① 아차산   ② 수리산
③ 구름산   ④ 청계산

106 서울-김포-강화로 이어지는 도로는?

① 34번 국도   ② 38번 국도
③ 48번 국도   ④ 88번 국도

107 세종대왕릉이 위치하는 곳은?

① 이천시   ② 연천군
③ 가평군   ④ 여주시

108 수원시에 위치하지 않는 곳은?

① 한국교통안전공단 경기남부본부
② 팔달문
③ 국립현대미술관
④ 경기도택시운송사업조합

109 서해안고속도로과 영동고속도로가 교차(연결)되는 분기점은?

① 신갈분기점   ② 서평택분기점
③ 호법분기점   ④ 안산분기점

110 북한강과 남한강이 합쳐지는 곳은?

① 양주시   ② 가평군
③ 양평군   ④ 구리시

111 경부고속도로가 지나지 않는 경기도 지역은?

① 수원시   ② 이천시
③ 안성시   ④ 오산시

112 대진대학교가 위치하고 있는 지역은?

① 포천시   ② 가평군
③ 수원시   ④ 구리시

정답 91.④ 92.① 93.③ 94.① 95.④ 96.④ 97.① 98.④ 99.② 100.② 101.② 102.③ 103.① 104.④ 105.① 106.③ 107.④ 108.③ 109.④ 110.③ 111.② 112.①

113 서해안고속도로가 통과하는 지역은?

① 평택시   ② 하남시
③ 이천시   ④ 여주시

114 경기도 내 시·군에서 골프장이 가장 많은 곳은?

① 용인시   ② 안성시
③ 이천시   ④ 광주시

115 억새로 유명한 명성산과 산정호수 등이 있는 곳은?

① 양평군   ② 가평군
③ 포천시   ④ 남양주시

116 수원시에 위치하지 않는 곳은?

① 원천유원지   ② 민속촌
③ 아주대학교   ④ 경기도청

117 울창한 숲과 계곡이 어우러진 '수동국민관광지'가 있는 곳은?

① 포천시   ② 의정부시
③ 남양주시   ④ 가평군

118 '재인폭포와 한탄강관광지'가 있는 곳은?

① 가평군   ② 포천시
③ 연천군   ④ 동두천시

119 우리나라 '잣'생산량의 약40%를 차지하는 곳은?

① 포천시   ② 연천군
③ 여주시   ④ 가평군

120 '경기도 문화의전당'의 소재지는?

① 부천시   ② 수원시(인계동)
③ 용인시   ④ 성남시

121 '청평댐과 청평호'가 있는 곳은?

① 포천시   ② 가평군
③ 남양주시   ④ 양평군

122 사계절 온천으로 유명한 '미란다호텔'이 있는 곳은?

① 광주시   ② 이천시
③ 성남시   ④ 여주시

123 '도덕산공원'이 있는 곳은?

① 광명시   ② 부천시
③ 안양시   ④ 의왕시

124 다음 리조트(스키장) 중 경기도에 소재하지 않는 곳은?

① 베어스타운   ② 지산리조트
③ 스타힐리조트   ④ 비발디파크

125 신라시대 마지막 왕 '경순왕릉과 동막골유원지'가 있는 곳은?

① 연천군   ② 가평군
③ 양평군   ④ 양주시

126 '경기도남부지방경찰청'이 소재한 곳은?

① 수원시 영통구(매탄동)
② 수원시 장안구(연무동)
③ 과천시 중앙로
④ 과천시 관문로

127 수원시에 소재하지 않는 대학교는?

① 아주대학교
② 성균관대학교
③ 경기대학교
④ 수원대학교

128 '뉴질랜드·호주 6.25참전기념비'가 있는 곳은?

① 연천군   ② 양평군
③ 가평군   ④ 여주시

129 '호명산과 호명산 정상부근에 있는 호명호수'의 소재지는?

① 가평군   ② 양평군
③ 의왕시   ④ 포천시

130 유네스코 세계문화유산으로 등재된 '수원화성(水原華城)'의 소재지는?

① 수원시 권선구
② 수원시 영통구
③ 수원시 장안구
④ 화성시

131 수령 1,000년 이상 된 은행나무(천연기념물 30호)가 있는 '용문사'의 소재지는?

① 광주시   ② 양평군
③ 여주시   ④ 가평군

132 6.25전쟁 시 휴전협정이 열린 '판문점'이 있는 곳은?

① 파주시   ② 포천시
③ 양주시   ④ 동두천시

133 구한말 고종황제의 비인 '명성황후 생가'가 있는 곳은?

① 용인시   ② 광주시
③ 여주시   ④ 양평군

134 세계최초의 미니어쳐 테마파크인 '아인스월드와 한국만화박물관'이 있는 곳은?

① 수원시   ② 부천시
③ 용인시   ④ 성남시

135 물과 꽃의 정원인 '세미원'이 있는 곳은?

① 가평군　　　　　② 여주시
③ 양평군　　　　　④ 이천시

136 고달사터에 남아 있는 고려 초기의 부도이며, 국보4호로 지정된 '고달사지 부도'가 있는 곳은?

① 광주시　　　　　② 여주시
③ 연천군　　　　　④ 포천시

137 삼국시대부터 유래한 나루터인 '이포나루'가 있었던 곳은?

① 여주시　　　　　② 이천시
③ 가평군　　　　　④ 양평군

138 이천-여주-양평-가평-포천-연천-파주를 잇는 도로는?

① 36번 국도
② 37번 국도
③ 42번 국도
④ 44번 국도

139 동구릉과 장자호수공원이 위치하는 곳은?

① 구리시　　　　　② 시흥시
③ 양주시　　　　　④ 안성시

140 벨기에·룩셈부르크 참전기념비가 있는 곳은?

① 양주시　　　　　② 파주시
③ 동두천시　　　　④ 의정부시

141 '화성행궁(華城行宮)'이 있는 곳은?

① 광주시
② 수원시 장안구(조원동)
③ 화성시
④ 수원시 팔달구(남창동)

142 다음 종합병원 중 '수원시'에 있지 않은 것은?

① 아주대학교병원
② 성빈센트병원
③ 분당차병원
④ 경기도의료원 수원병원

143 안양시 동안구에 위치하고 있는 곳이 아닌 것은?

① 안양과천교육지원청
② 안양동안경찰서
③ 안양대학교
④ 안양시청

144 애기봉이 위치한 곳은?

① 김포시　　　　　② 강화도
③ 양평군　　　　　④ 광주시

145 '북수원I.C에서 지지대교차로 – 창룡문사거리 – 동수원사거리'로 연결되는 도로는?

① 경수대로　　　　② 동문로
③ 삼성로　　　　　④ 수성로

146 '수원지방법원·수원지방검찰청'의 소재지는?

① 장안구(조원동)
② 영통구(원천동)
③ 권선구(탑동)
④ 팔달구(인계동)

147 수원월드컵경기장은 어디에 있나?

① 장안구 조원동
② 팔달구 우만동
③ 팔달구 인계동
④ 영통구 매탄동

148 신갈분기점에서 만나는 고속도로는?

① 서해고속도로 – 영동고속도로
② 중앙고속도로 – 영동고속도로
③ 경부고속도로 – 영동고속도로
④ 중부고속도로 – 영동고속도로

149 양주시청이 위치하고 있는 곳은?

① 덕정동　　　　　② 백석읍
③ 남방동　　　　　④ 화정동

150 연결이 올바르지 않은 것은?

① 안산시청 – 고잔동
② 시흥시청 – 장현동
③ 연천군청 – 전곡읍 전곡리
④ 양주시청 – 남방동

151 고려시대의 충신 '최영 장군의 묘'가 있는 곳은?

① 파주시　　　　　② 포천시
③ 고양시　　　　　④ 연천군

152 '한양대학교 에리카캠퍼스'가 소재한 곳은?

① 수원시　　　　　② 과천시
③ 안산시　　　　　④ 용인시

153 '한국항공대학교'의 소재지는?

① 고양시　　　　　② 김포시
③ 부천시　　　　　④ 의정부시

154 '국민연금공단 경인지역본부'의 소재지는?

① 과천시　　　　　② 수원시 팔달구(인계동)
③ 용인시　　　　　④ 수원시 장안구(파장동)

정답 135.③ 136.② 137.① 138.② 139.① 140.③ 141.④ 142.③ 143.③ 144.① 145.① 146.② 147.② 148.③ 149.③ 150.④ 151.③ 152.③ 153.① 154.②

155 '경기도교육청'이 소재한 곳은?

① 수원시　　　　　② 과천시
③ 성남시　　　　　④ 용인시

156 유명산 자연휴양림이 위치하는 곳은?

① 남양주시　　　　② 의정부시
③ 가평군　　　　　④ 연천군

157 의왕시에 소재한 곳이 아닌 것은?

① 청계산　　　　　② 백운호수
③ 백운산　　　　　④ 망월사

158 장흥유원지와 일영유원지가 위치하는 곳은?

① 양주시　　　　　② 포천시
③ 구리시　　　　　④ 고양시

159 용인시에 위치하지 않는 곳은?

① 한국민속촌
② 에버랜드
③ 미사리 조정경기장
④ 와우정사(누워 있는 불상)

160 용인운전면허시험장이 위치하는 곳은?

① 처인구 삼가동　　② 기흥구 신갈동
③ 처인구 마평동　　④ 수지구 죽전동

161 대한민국 출판의 중심지인 '출판단지'가 있는 곳은?

① 고양시　　　　　② 광주시
③ 파주시　　　　　④ 김포시

162 '삼성디지털시티'의 소재지는?

① 과천시　　　　　② 수원시
③ 안성시　　　　　④ 남양주시

163 '대학교와 소재지'가 잘못 연결된 것은?

① 한세대학교 – 군포시
② 아주대학교 – 수원시
③ 강남대학교 – 용인시
④ 협성대학교 – 과천시

164 구석기시대 유물이 발견된 '전곡선사유적지'가 있는 곳은?

① 파주시　　　　　② 연천군
③ 양주시　　　　　④ 양평군

165 '경부고속도로와 영동고속도로'가 만나는 지점은?

① 호법분기점(J.C)　② 조남분기점(J.C)
③ 일직분기점(J.C)　④ 신갈분기점(J.C)

166 천주교 김대건신부 묘(미리내성지)가 위치한 곳은?

① 용인시　　　　　② 안성시
③ 고양시　　　　　④ 안산시

167 중부내륙고속도로가 통과하는 지역은?

① 여주시　　　　　② 오산시
③ 수원시　　　　　④ 평택시

168 전곡리 선사유적지가 위치하는 곳은?

① 파주시　　　　　② 가평군
③ 포천시　　　　　④ 연천군

169 의정부시에 소재한 곳이 아닌 것은?

① 부대찌개 거리
② 사패산 터널
③ 망월사
④ 불암사

170 의정부 예술의 전당이 위치하는 곳은?

① 녹양동　　　　　② 가능동
③ 의정부동　　　　④ 신곡동

171 '대한민국 1번 고속도로'는?

① 경인고속도로
② 영동고속도로
③ 경부고속도로
④ 호남고속도로

172 '영동고속도로와 중부고속도로'가 만나는 지점은?

① 신갈분기점
② 만종분기점
③ 호법분기점
④ 일직분기점

173 '제2경인고속도로'는 어느 지역을 연결하는 도로인가?

① 서울시 – 수원시
② 인천시 – 안양시
③ 서울시 – 안양사
④ 인천시 – 수원시

174 '파주시 – 안성시 – 이천시'로 연결되는 도로는?

① 1번 국도　　　　② 6번 국도
③ 44번 국도　　　④ 48번 국도

175 행정구역상 경기도 지역을 통과하지 않는 '고속도로'는?

① 경부고속도로　　② 중부고속도로
③ 서해안고속도로　④ 중앙고속도로

정답　155.① 156.③ 157.④ 158.① 159.③ 160.② 161.③ 162.② 163.④ 164.② 165.④ 166.② 167.① 168.④ 169.④ 170.③ 171.③ 172.③ 173.② 174.① 175.④

176 한탄강관광지와 태풍전망대가 위치한 곳은?

① 여주시   ② 연천군
③ 가평군   ④ 포천시

177 다음 설명 중 맞지 않는 것은?

① 세계문화유산으로 등록된 화성은 수원시에 소재한다.
② 여주시에는 세종대왕릉이 있다.
③ 남한산성의 정확한 위치는 광주시가 맞다.
④ 3·1운동 순국기념관은 안성시에 건립된 역사문화공간이다.

178 화성시에 포함되지 않는 곳은?

① 양감면   ② 송산면
③ 매송면   ④ 서탄면

179 하남시 신장동에 위치한 것은?

① 이성산성
② 하남시청
③ 하남종합운동장
④ 미사리조정경기장

180 다음 중 잘못 짝지어진 것은?

① 한국민속촌 – 용인시
② 행주산성 – 고양시
③ 서운산성 – 김포시
④ 천진암 – 광주시

181 '구리시에서 대성리 – 청평'으로 가려면 몇 번 도로를 이용하여야 하는가?

① 17번 국도   ② 38번 국도
③ 42번 국도   ④ 46번 국도

182 '광주시 – 용인시'로 연결되는 도로는?

① 6번 국도
② 39번 국도
③ 42번 국도
④ 45번 국도

183 '군포시 – 구리시 – 퇴계원 – 포천시'로 연결되는 도로는?

① 6번 국도
② 38번 국도
③ 43번 국도
④ 47번 국도

184 '인천시 – 남양주시 – 가평군 – 강원도 고성군'으로 연결되는 도로는?

① 1번 국도   ② 37번 국도
③ 46번 국도   ④ 48번 국도

185 '파주시 – 양평군 – 여주시 – 장호원'으로 연결되는 도로는?

① 37번 국도
② 38번 국도
③ 42번 국도
④ 43번 국도

186 '43번 국도'는 어느 지역으로 연결되는가?

① 평택시 – 광주시 – 의정부시 – 포천시
② 여주시 – 양평군
③ 용인시 – 팔당대교
④ 수원시 – 안산시

187 '남양주시 도농삼거리에서 양평군'으로 연결되는 도로는?

① 3번 국도
② 6번 국도
③ 17번 국도
④ 44번 국도

188 '안산시 – 수원시'로 연결되는 도로는?

① 3번 국도
② 38번 국도
③ 42번 국도
④ 47번 국도

189 '용인시에서 죽산을 거쳐 안성시'로 가려한다. 이용하여야 하는 도로는?

① 17번 국도
② 37번 국도
③ 38번 국도
④ 39번 국도

190 '서울시 – 김포시 – 강화군'으로 연결되는 도로는?

① 3번 국도
② 38번 국도
③ 48번 국도
④ 82번 국도

정답 176.② 177.④ 178.④ 179.② 180.③ 181.④ 182.④ 183.④ 184.③ 185.① 186.① 187.② 188.③ 189.① 190.③

3. 인천광역시 지리 핵심 정리

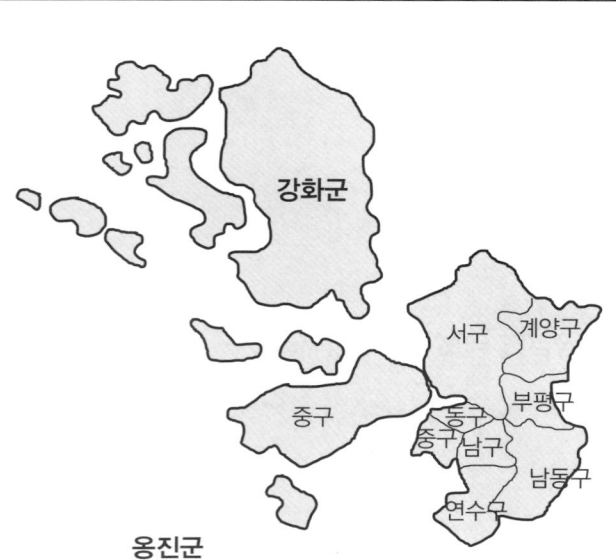

- **면   적 : 약 1,029㎢(18.12.31 기준)**
- **행정구분 : 8개구 2개군**
- **인   구 : 약 300만명(18.12.31 기준)**
- **시의 나무 : 목백합**
- **시의 꽃 : 장미**
- **시의 새 : 두루미**

※인천광역시 응시자용

1. 인천시 주변명소

산(山)	고려산, 계양산, 마니산, 문학산, 장수산, 정족산, 청량산
섬	강화도, 석모도, 실미도, 무의도, 영종도, 백령도, 연평도, 장봉도, 덕적도
해수욕장	을왕리해수욕장, 동막해수욕장, 왕산해수욕장, 하나개해수욕장, 실미도해수욕장

2. 인천시 주요도로와 구간

도로명	구간
검단로	검단산업단지 – 검단사거리 – 김포시 경계
경원대로	부평굴다리오거리 – 캠퍼스타운역
경인로	숭의로터리 – 석바위사거리 – 부평사거리 – 부천시
구월로	석암치안센터 – 만수주공사거리
남동대로	간석오거리역 – 남동공단 – 외암삼거리(송도동)
동수로	동수역사거리 – 부개사거리
만수로	백범로 – 수현로 연결
미추홀대로	주안역삼거리 – 문학산터널 – 송도 푸르지오월드마크 1단지
매소홀로	중구 항도7가 – 문학지하도 – 남동대로(전해울삼거리)
봉수로	송림삼거리 – 봉수대길사거리 – 김포시 구래동
부평대로	부평역사거리 – 부평I.C(경인고속도로)
비류대로	옹암사거리 – 옥골사거리 – 청학사거리 – 선학역 – 시흥시 매화동
백범로	장수사거리 – 간석오거리 – 인천제철북문(인천시 서구)
서해대로	유동삼거리 – 수인사거리 – 신흥동3가
소래로	만수사거리 – 도림사거리 – 월곶입구삼거리
수봉로	제물포역삼거리 – 제일로 연결
소성로	인하대역 – 학익사거리 – 문학운동장 – 매소홀로 연결
아암대로	숭의역삼거리 – 능해고가차도 – 외암섬거리 – 소래포구
인천대로 구.경인고속 도로 구간)	인천I.C – 도화I.C – 가좌I.C – 서인천I.C(계양구)
인주대로	능안삼거리 – 길병원사거리 – 치야고개삼거리

인중로	숭의로터리 – 신광사거리 – 부두입구 – 송림삼거리
인하로	인하대후문 – 남동경찰서사거리 – 후구포로 연결
주안로	도화초교사거리 – 주원삼거리
청능대로	청능교차로 – 호구포길사거리 – 남동대교 – 소래로 연결(인천시 남동구)
한나루로	도화I.C – 용일사거리 – 학산사거리
호구포로	부개휴먼시아2단지 – 간석사거리 – 호구포역

3. 주요 기관 및 건물과 소재지

소재지	기관/건물
계양구	계양구청, 계양경찰서, 계양소방서, 북인천세무서, 인천시교통연수원
남동구	인천광역시청, 인천시교육청, 인천지방경찰청, 중부지방고용노동청, 인천지방중소벤처기업청, 인천보훈지청, 남동구청, 남동경찰서, 남동소방서, 인천공단소방서, 남인천세무서, 인천도시공사, 인천교통공사, 인천시중앙도서관, 인천상공회의소, 인천운전면허시험장, 교통안전공단 인천지사, 인천택시운송사업조합, 인천종합문화예술회관, 올림픽기념국민생활관, 롯데백화점인천점
미추홀구	인천지방법원 · 인천지방검찰청, 미추홀구청, 옹진군청, 남부경찰서, 인천소방본부, 인천미추홀소방서, 인천지방노동위원회, TBN인천교통방송, 인천종합터미널, 신세계백화점인천점
동구	동구청, 인천세무서
부평구	부평구청, 부평경찰서, 삼산경찰서, 부평소방서, 인천여성문화회관, 인천농업기술센터, 롯데백화점부평점
서구	서구청, 서부경찰서, 서부소방서, 서인천세무서, 인천시 인재개발원
연수구	연수구청, 중부지방해양경찰청, 인천해양경찰서, 연수경찰서, 연수소방서, 인천시립박물관, 인천우체국, 도로교통공단 인천지부, 인천상륙작전기념관
중구	중구청, 인천지방조달청, 인천지방해양수산청, 중부경찰서, 중부소방서, 인천본부세관, 국립인천검역소, 인천국제공항, 인천기상대, 인천항만공사, 인천항국제연안여객터미널, 인천출입국외국인청(구, 인천출입국관리사무소)

4. 주요 공원·유원지·문화유적과 소재지

소재지	명칭
강화군	전등사, 보문사, 마니산, 고려산, 삼랑성(정족산성), 고동도, 동막해변, 초지진
남동구	중앙근린공원, 인천대공원, 소래습지생태공원, 약사공원, 소래포구, 인천종합문화예술회관
미추홀구	수봉공원, 관교공원
연수구	능허대지(터), 인천상륙작전기념관, 원인재, 송도센트럴파크
중구	자유공원, 월미도 놀이공원, 차이나타운, 용궁사(영종도), 을왕리해변

5. 주요 학교와 소재지

소재지	학교
강화군	인천가톨릭대학교(양도면)
계양구	경인교육대학교(계산동), 경인여자대학(계산동)
남동구	한국방송통신대학교 인천지역대학(구월동)
동구	재능대학(송림동)
미추홀구	인하대학교(용현동), 인천대학교 제물포캠퍼스(도화동), 인하공업전문대학(용현동)
부평구	한국폴리텍대학 인천캠퍼스(구산동)
연수구	가천대학교 메디컬캠퍼스(연수동), 인천대학교 송도캠퍼스(송도동), 연세대학교 국제캠퍼스(송도동)

6. 주요 종합병원과 소재지

소재지	병원
강화군	강화병원(강화읍)
계양구	한마음병원(작전동), 한림병원(작전동)
남동구	가천대학교 길병원(구월동)
동구	지방공사 인천의료원(송림동), 인천백병원(송림동)
미추홀구	인천사랑병원(주안동)
부평구	가톨릭대학교 인천성모병원(부평동), 근로복지공단 인천병원(구산동), 부평계림병원(창천동)
서구	나은병원(가좌동), 온누리병원(왕길동), 은혜병원(심곡동), 성민병원(석남동)
연수구	인천나사렛국제병원(동춘동), 인천적십자병원(연수동)
중구	인하대학교병원(신흥동3가), 인천기독병원(율목동)

7. 기타

강화군에 있는 사찰	보문사, 전등사, 정수사
청량산에 있는 사찰	호불사, 청량사, 흥륜사
옹진군	장봉도, 선재도, 덕적도, 시도, 영흥도, 대이작도, 십리포해수욕장

01 인천광역시 '주요도로'를 나타낸 것 중 연결이 잘못 된 것은?

① 용현로 : 다복사거리－주안역－동암역
② 송림로 : 배다리사거리－송림오거리－송림삼거리
③ 중앙로 : 동인천역광장－경인사거리－경인국도
④ 주안로 : 주안역－간석오거리－경인국도

02 다음 중 '인천광역시 중구'에 소재하지 않는 것은?

① 국립인천검역소
② 인천항만공사
③ 인천본부세관
④ 인천지방환경관리청

03 다음 중 '미추홀구(남구)'에 소재하지 않는 것은?

① 인천지방검찰청
② 인천지방해운수산청
③ 인천구치소
④ 인천지방법원

04 경찰서와 소재지가 잘못 연결된 것은?

① 삼산경찰서－부평구
② 서부경찰서－서구
③ 중부경찰서－중구
④ 인천해양경찰서－남동구

05 근로청소년의 복지향상을 위해 설립한 '인천시 근로자문화센터'의 소재지는?

① 중구
② 서구(가좌동)
③ 미추홀구
④ 남동구

06 인천상륙작전을 지휘한 맥아더장군 동상이 있는 공원은?

① 자유공원
② 백운공원
③ 인천대공원
④ 서곶공원

07 고용노동부 인천북부지청이 있는 곳은?

① 중구
② 계양구
③ 동구
④ 연수구

08 북인천인터체인지가 위치하는 행정구역은?

① 북구
② 서구
③ 미추홀구
④ 계양구

09 인천여자공업고등학교가 위치하고 있는 곳은?

① 계양구
② 부평구
③ 연수구
④ 남동구

10 인천세무서가 위치하는 곳은?

① 서구
② 남동구
③ 동구
④ 부평구

11 인천역에서 가장 가까운 경찰서는?

① 동부경찰서
② 서부경찰서
③ 중부경찰서
④ 인천해양경찰서

12 교통방송에서 '인천시 주요도로'차량통행량에 대한 정보를 청취자들에게 알려주는데, 다음 중 도로의 연결이 잘못 된 것은?

① 가정로 : 가좌삼거리－주안역－서구청
② 동수로 : 동수역사거리－부개사거리－길주로교차점
③ 검단로 : 검단오류역－검단사거리－김포시계
④ 부평대로 : 부평역－부평구청사거리－경인고속도로(부평I.C)

13 동부교육지원청이 위치한 곳은?

① 미추홀구 도화동
② 연수구 연수동
③ 남동구 간석동
④ 남동구 만수동

14 북인천세무서가 위치한 곳은?

① 가좌동
② 갈산동
③ 작전동
④ 가정동

15 미추홀구 소재 병원이 아닌 것은?

① 현대유니스병원
② 인천사랑병원
③ 인천보훈병원
④ 한마음병원

16 다음 중 연결이 옳지 않은 것은?

① 자유공원－동구
② 인천대공원－남동구
③ 수봉공원－미추홀구
④ 계산국민체육공원－계양구

17 인천광역시 서구 경서동과 영종도를 잇는 다리는?

① 초지대교
② 강화대교
③ 영흥대교
④ 영종대교

정답 01.③ 02.④ 03.② 04.④ 05.② 06.① 07.② 08.② 09.③ 10.③ 11.③ 12.① 13.④ 14.③ 15.④ 16.① 17.④

18 서구 가좌사거리에서 인천국제공항으로 가기 위해 진입해야 하는 영종대교 인근의 인터체인지는?

① 부평인터체인지
② 문학인터체인지
③ 서인천인터체인지
④ 북인천인터체인지

19 남동구에 위치하지 않는 것은?

① 롯데백화점
② 인하대학교
③ 남인천세무서
④ 가천대 길병원

20 부평경찰서가 위치하고 있는 곳은?

① 청천동　　② 부개동
③ 갈산동　　④ 삼산동

21 '연세대학교 국제캠퍼스'의 소재지는?

① 동구　　② 중구
③ 연수구(송도동)　　④ 미추홀구

22 청량산 기슭에 설립된 '인천상륙작전기념관'이 있는 곳은?

① 서구　　② 연수구(옥련동)
③ 동구　　④ 중구

23 88올림픽 개최를 기념하여 설치한 '올림픽기념국민생활관(인천체육회올림픽생활관)'의 소재지는?

① 남동구(구월동)　　② 연수구
③ 중구　　④ 동구

24 '인천광역시택시운송사업조합'이 소재한 곳은?

① 연수구　　② 남동구(구월동)
③ 미추홀구　　④ 계양구

25 인천광역시 기념물8호인 '능허대지(터)'가 있는 곳은?

① 연수구(옥련동)　　② 남동구
③ 옹진군　　④ 미추홀구

26 '인천광역시청'의 소재지는?

① 남동구(논현동)
② 남동구 정각로(구월동)
③ 연수구
④ 중구

27 '인천뷰티예술고등학교(전 인천여자공고)'의 소재지는?

① 연수구(동춘동)　　② 계양구
③ 서구　　④ 미추홀구

28 '인천광역시 중구'에 소재하지 않는 곳은?

① 인천지방조달청
② 인하대학교병원
③ 옹진군청
④ 인천국제공항

29 '지방공사 인천시의료원'의 소재지는?

① 중구　　② 동구(송림동)
③ 연수구　　④ 미추홀구

30 인천광역시 지역 기상관측과 일기예보를 담당하는 '인천기상대'의 소재지는?

① 미추홀구　　② 중구(전동)
③ 남동구　　④ 부평구

31 도화초교사거리~중앙공원인근을 잇는 도로는?

① 중봉대로　　② 인주대로
③ 주안로　　④ 남동대로

32 부평역에서 부평 I.C로 연결되는 도로명은?

① 동수로　　② 경원대로
③ 장제로　　④ 부평대로

33 백령도가 속해 있는 행정구역은?

① 중구　　② 연수구
③ 강화군　　④ 옹진군

34 연결이 옳지 않은 것은?

① 중부경찰서－항동2가
② 삼산경찰서－삼산동
③ 계양경찰서－계산동
④ 인천국제공항경찰단－학익동

35 보물 제178호 전등사가 있는 곳은?

① 강화군 화도면
② 강화군 길상면
③ 영종도
④ 강화군 삼산면

36 '한국폴리텍대학 인천캠퍼스(전,인천기능대학)'의 소재지는?

① 부평구(구산동)　　② 계양구
③ 동수　　④ 남동구

37 '경인교육대학 인천캠퍼스'가 있는 곳은?

① 미추홀구　　② 서구
③ 계양구(계산동)　　④ 부평구

38 다음 학교 중 '인천광역시'에 있지 않은 것은?

① 재능대학
② 가천대학교 메디컬캠퍼스
③ 경인여자대학교
④ 대림대학

39 '인천광역시 종합문화예술회관'이 소재한 곳은?

① 동구
② 중구
③ 남동구(구월동)
④ 미추홀구

40 '인천상공회의소'의 소재지는?

① 남동구(논현동)
② 중구
③ 동구
④ 미추홀구

41 부개사거리 – 부평사거리 – 간석오거리 – 남인천우체국 – 제물포역을 잇는 도로는?

① 계양대로
② 경명대로
③ 부평대로
④ 경인로

42 부평경찰서가 위치하는 곳은?

① 갈산동
② 삼산동
③ 청천동
④ 부개동

43 부평구에 소재하지 않는 동은?

① 송내동
② 산곡동
③ 청천동
④ 삼산동

44 부평구에 위치하지 않는 곳은?

① 삼산경찰서
② 근로복지공단 인천병원
③ 인천성모병원
④ 인천지방해양수산청

45 부평구와 인접하지 않는 행정구역은?

① 계양구
② 남동구
③ 서구
④ 연수구

46 인천도시철도의 건설 및 운영·관리를 위해 설립된 '인천교통공사'의 소재지는?

① 남동구(간석동)
② 미추홀구
③ 중구
④ 동구

47 기술교육을 선도하는 '건설기술교육원 인천본원'이 소재한 곳은?

① 중구
② 남동구(만수동)
③ 미추홀구
④ 서구

48 '인천대학교 제물포캠퍼스'가 있는 곳은?

① 미추홀구(도화동)
② 중구
③ 동구
④ 남동구

49 인천광역시 소재 '대학교와 소재지'가 잘못 연결된 것은?

① 인하대학교 – 미추홀구
② 인천교육대학교 – 계양구
③ 연세대학교 국제캠퍼스 – 연수구
④ 가톨릭대학교 – 계양구

50 안전보건공단 중부지역본부가 소재한 곳은?

① 서구 심곡동
② 부평구 갈산동
③ 부평구 구산동
④ 연수구 연수동

51 남동구 구월동에 위치한 곳은?

① 보훈지청
② 인천종합터미널
③ 인천시교육청
④ 농수산물도매시장

52 동구 송림동에 위치하고 있는 곳은?

① 인천 백병원
② 인천지방법원
③ 인천교통공사
④ 롯데백화점

53 북인천 인터체인지가 위치하는 행정구역은?

① 서구
② 북구
③ 계양구
④ 미추홀구

54 북부교육지원청이 위치한 곳은?

① 부평구 부개동
② 부평구 부평동
③ 서구 석남동
④ 서구 가좌동

55 '가톨릭대학교 인천성모병원'이 있는 곳은?

① 부평구(부평동)
② 서구
③ 계양구
④ 중구

56 인천광역시 '소방서와 소재지'가 잘못 연결된 것은?

① 남동소방서 – 남동구
② 서부소방서 – 서구
③ 부평소방서 – 부평구
④ 인천공단소방서 – 동구

정답 ☞ 38.④ 39.③ 40.① 41.④ 42.③ 43.① 44.④ 45.④ 46.① 47.② 48.① 49.④ 50.③ 51.③ 52.① 53.① 54.② 55.① 56.④

57 '인천광역시 여성문화회관'의 소재지는?

① 미추홀구　　　　② 남동구
③ 부평구(갈산동)　　④ 중구

58 중구 '자유공원'인근에 소재하지 않는 고등학교는?

① 제물포고등학교
② 인일여자고등학교
③ 인성여자고등학교
④ 인천고등학교

59 '석바위사거리에서 승기사거리(동양장사거리) 사이에 있는 고등학교'는?

① 인천고등학교
② 인천기계공업고등학교
③ 정석항공과학고등학교
④ 선인고등학교

60 부평역 – 부평시장역 – 부평구청 – 갈산동사거리 – 북부소방서 앞 삼거리 – 부평인터체인지로 이어지는 도로는?

① 부평로　　　　② 남동대로
③ 계양로　　　　④ 경인로

61 강화도에 있는 학교가 아닌 것은?

① 재능대학교
② 가천의과대학교
③ 안양대학교
④ 가톨릭대학교

62 롯데백화점 인천점과 가장 가까운 지하철역은?

① 인천터미널역
② 테크노파크역
③ 인천시청역
④ 갈산역

63 인천시립박물관이 위치한 곳은?

① 중구　　　　② 부평구
③ 서구　　　　④ 연수구

64 KT인천지사가 위치하는 곳은?

① 중구　　　　② 동구
③ 남동구　　　④ 부평구

65 연수구에 위치하지 않는 곳은?

① 인천적십자병원
② 인천상륙작전기념관
③ 근로복지공단 인천병원
④ 아암도해안공원

66 강화군 선원면 언덕에 있는 사찰은?

① 길상사　　　　② 보문사
③ 선원사　　　　④ 백련사

67 중구 송학동에 위치한 인천유형문화재 제17호는?

① 초지진
② 답동성당
③ 제물포구락부
④ 고려궁지

68 행정구역상 강화군에 속하지 않는 곳은?

① 삼산면　　　　② 교동면
③ 화도면　　　　④ 북도면

69 인천광역시 옹진군 영흥면 외리에 있는 화력발전소는?

① 당진화력발전소
② 영동화력발전소
③ 영흥화력발전소
④ 삼척화력발전소

70 농업기술을 선도하는 '인천농업기술센터'가 있는 곳은?

① 연수구　　　　② 미추홀구
③ 서구　　　　④ 부평구(십정동)

71 인천시 유형문화재 15호이며, 신라시대 원효대사가 창건하였고, 흥선 대원군의 친필이 있는 '사찰과 소재지'가 맞는 것은?

① 호불사 – 연수구 옥련동
② 전등사 – 강화군 길상면
③ 보문사 – 강화군 석모도
④ 용궁사 – 중구 운남동(영종도)

72 '경인고속도로와 서울외곽순환도로'가 교차하는 곳은?

① 계양 I.C
② 중동 I.C
③ 서운분기점(J.C)
④ 장수 I.C

73 '계양 I.C에서 임학사거리 – 계산역 – 인천교통연수원 앞'을 지나는 도로는?

① 경명대로　　　　② 경인로
③ 계양로　　　　④ 청천로

74 '서울외곽순환도로와 인천국제공항고속도로'가 교차하는 곳은?

① 청라 I.C
② 계양 I.C
③ 김포 I.C
④ 노오지 I.C

정답 57.③ 58.④ 59.① 60.① 61.① 62.① 63.④ 64.③ 65.③ 66.③ 67.③ 68.④ 69.③ 70.④ 71.④ 72.③ 73.① 74.④

75 연결이 옳지 않은 것은?

① 만석동 – 동구
② 작전동 – 계양구
③ 구월동 – 남동구
④ 청학동 – 남동구

76 석바위 사거리와 연결되지 않는 도로는?

① 백범로 　　　　 ② 경인로
③ 구월로 　　　　 ④ 경원대로

77 연수구 동촌동에 소재하고 있는 것은?

① 인천상륙작전기념관
② 능허대공원
③ 연수구청
④ 가천대학교(메디컬캠퍼스)

78 청라국제도시 방면에서 영종도로 연결되는 고속도로는?

① 경인고속도로
② 서울외곽순환고속도로
③ 인천국제공항고속도로
④ 제2경인고속도로

79 월미테마파크가 위치한 곳은?

① 북성동 1가
② 신흥동 3가
③ 율목동
④ 선린동

80 '석바위사거리 – 시청역사거리 – 석천사거리 – 만수동주공사거리'로 연결되는 도로는?

① 경인로 　　　　 ② 구월로
③ 남동대로 　　　 ④ 인주대로

81 다음 중 연수구 소재 '인천상륙작전기념탑공원'내에 있는 것은?

① 맥아더장군 동상
② 인천시청소년수련관
③ 인천시립박물관
④ 라마다플라자송도호텔

82 고구려 소수림왕 때 창건하고, 보물 제178호 대웅전 등 3개의 보물이 있으며, '강화군 길상면에 소재한 사찰'은?

① 전등사 　　　　 ② 보문사
③ 용궁사 　　　　 ④ 정수사

83 '영동고속도로와 제2경인고속도로'가 교차하는 곳은?

① 서창분기점 　　 ② 남도 I.C
③ 문학 I.C 　　　 ④ 송내 I.C

84 6.25한국전쟁 참전을 기념하기 위해 세워진 '콜롬비아군 참전 기념비'가 있는 곳은?

① 서구(가정동) 　 ② 미추홀구
③ 동구 　　　　　 ④ 중구

85 인천국제공항이 위치한 곳은?

① 중구 운서동
② 미추홀구 숭의동
③ 동구 송림4동
④ 계양구 계산4동

86 인천광역시 차이나타운이 있는 곳은?

① 계양구 계산동
② 서구 검암동
③ 남동구 논현동
④ 중구 선린동

87 다음 중 소래포구가 있는 곳은?

① 연수구 연수동
② 강화군 강화읍
③ 옹진군 영흥면
④ 남동구 논현동

88 인천시 강화군 양도면 고려왕릉로에 위치한 대학교는?

① 인하대학교
② 가천의과대학교 강화캠퍼스
③ 인천가톨릭대학교
④ 경인교육대학교

89 인천지방경찰청에서 안양역을 잇는 도로는?

① 인천대교고속도로
② 제2경인고속도로
③ 인천국제공항고속도로
④ 경인고속도로

90 '부평역에서 부평구청역 – 부평 I.C'로 연결되는 도로는?

① 경원로 　　　　 ② 동수로
③ 부평대로 　　　 ④ 장제로

91 '중부지방고용노동청'의 소재지는?

① 중구 　　　　　 ② 미추홀구
③ 연수구 　　　　 ④ 남동구(구월동)

92 경인선 종점인 '인천역 인근에 있는 경찰서'는?

① 인천남동경찰서
② 인천중부경찰서
③ 인천서부경찰서
④ 인천해양경찰서

정답 　75.④　76.①　77.③　78.③　79.①　80.②　81.③　82.①　83.①　84.①　85.①　86.④　87.④　88.③　89.②　90.③　91.④　92.②

93 '인천삼산경찰서'의 소재지는?

① 부평구(삼산동)　　② 중구
③ 연수구　　　　　　④ 남동구

94 '중부지방해양경찰청'이 있는 곳은?

① 중구　　　　　　　② 서구
③ 미추홀구　　　　　④ 연수구(송도동)

95 아암도 해안공원이 위치한 구는?

① 중구　　　　　　　② 동구
③ 미추홀구　　　　　④ 연수구

96 영종도와 송도 신도시를 잇는 다리는?

① 영종대교
② 인천대교
③ 초지대교
④ 강화대교

97 인천광역시 행정구역을 구성하는 군과 구는?

① 6구2군
② 7구2군
③ 8구2군
④ 8구3군

98 인천광역시청이 위치하는 곳은?

① 계양구　　　　　　② 남동구
③ 서구　　　　　　　④ 동구

99 연수구 청학동에서 미추홀구 학익동을 잇는 터널은?

① 만월산터널
② 동춘터널
③ 문학터널
④ 원적산터널

100 인천시립 공설묘지인 '인천가족공원'이 있는 곳은?

① 부평구(부평동)　　② 계양구
③ 서구　　　　　　　④ 연수구

101 다음 호텔 중 '간석오거리에서 가장 가까운 곳'에 있는 것은?

① 라마다플라자송도호텔
② 수봉관광호텔
③ 인천로얄호텔
④ 부평관광호텔

102 행정구역상 옹진군에 속하지 않는 것은?

① 연평면　　　　　　② 화도면
③ 백령면　　　　　　④ 영흥면

103 '인천I.C－도화I.C－가좌I.C－서인천I.C'로 연결되는 도로는?

① 경인로
② 인천대로(구, 경인고속도로구간)
③ 인주대로
④ 아암대로

104 '주안역에서 신기사거리－문학산터널－송도동'으로 연결되는 도로는?

① 미추홀대로
② 비류대로
③ 경원대로
④ 한나루로

105 '숭의로터리－주안사거리－석바위사거리－간석오거리'로 연결되는 도로는?

① 경인로　　　　　　② 독배로
③ 주안로　　　　　　④ 남동대로

106 바다를 메워 조성한 송도국제도시가 있는 곳은?

① 동구　　　　　　　② 중구
③ 강화군　　　　　　④ 연수구

107 인천여성문화회관이 있는 곳은?

① 중구　　　　　　　② 미추홀구
③ 남동구　　　　　　④ 부평구

108 인천광역시에 위치하지 않는 경찰서는?

① 남부경찰서
② 부천경찰서
③ 공항경찰대
④ 강화경찰서

109 인천 남동구에서 강원도 강릉시를 잇는 도로는?

① 호남고속도로
② 영동고속도로
③ 경부고속도로
④ 서해안고속도로

110 인천광역시 소재 '기관과 소재지'가 잘못 연결된 것은?

① 한국교통안전공단 인천본부－남동구
② 도로교통안전관리공단 인천지부－중구
③ 인천출입국외국인청－중구
④ 인천항만공사－중구

111 옹진군 백령도를 갈 때 이용하는 '인천연안여객선터미널'의 소재지는?

① 인천항 제1부두　　② 연안부두(항동)
③ 인천항 제2부두　　④ 인천항 제3부두

정답 93.① 94.④ 95.④ 96.② 97.③ 98.② 99.③ 100.① 101.③ 102.② 103.② 104.① 105.① 106.④ 107.④ 108.② 109.② 110.② 111.①

112 부평구 '동수역에서 가장 가까운 곳에 있는 병원'은?

① 인하대학교병원
② 지방공사인천시의료원
③ 인천적십자병원
④ 가톨릭대학교 인천성모병원

113 다음 해수욕장 중 '인천광역시'에 있지 않는 곳은?

① 을왕리해수욕장
② 하나개해수욕장
③ 명사십리해수욕장
④ 동막해수욕장

114 라마다플라자송도호텔에서 인천지하철을 이용하려는 승객을 태웠다면, 다음 중 가장 가까운 역은?

① 동수역　　　　　② 동춘역
③ 문학경기장역　　④ 선학역

115 인천종합터미널이 있는 곳은?

① 남동구 만수동
② 연수구 연수동
③ 남동구 구월동
④ 미추홀구 관교동

116 인하대병원이 위치한 곳은?

① 중구 신흥동
② 중구 전동
③ 미추홀구 용현동
④ 미추홀구 숭의동

117 인천문화예술회관이 소재한 곳은?

① 연수구 연수동　　② 동구 전동
③ 남동구 구월동　　④ 미추홀구 관고동

118 인천 출입국외국인청이 소재한 곳은?

① 남동구　　　　　② 미추홀구
③ 중구　　　　　　④ 동구

119 인천광역시 주요 도로망을 올바르게 나열한 것은?

① 경원대로 : 숭의로터리~서울교교차로
② 서해대로 : 유동삼거리~송현사거리
③ 주안로 : 도화초교사거리~중앙공원 인근
④ 미추홀대로 : 부평역~부평I.C

120 '부평 I.C에서 지하철1호선 경인교대역'으로 진행할 때 만나지 않는 곳은?

① 홈플러스(작전점)
② 카리스호텔
③ 인천시교통연수원
④ 북인천세무서

121 '인천종합버스터미널'인근에 있는 백화점은?

① 롯데백화점
② 현대백화점
③ 신세계백화점
④ NC백화점

122 인천시민들의 여름 피서지인 '을왕리해수욕장'이 있는 곳은?

① 연수구　　　　　② 서구
③ 중구 항동　　　　④ 중구 용유서로(용유도)

123 '강화군 삼산면(석모도)에 소재한 사찰'은?

① 전등사　　　　　② 흥륜사
③ 보문사　　　　　④ 정수사

124 2002년 월드컵경기가 열렸던 '인천문학경기장'의 소재지는?

① 중구
② 남동구
③ 연수구
④ 미추홀구(문학동)

125 동인천역에서 인천종합어시장으로 이동하려 한다. '인천종합어시장'의 소재지는?

① 남동구 소래포구
② 서구
③ 중구(항동)
④ 연수구

126 인천시민의 휴식처인 '인천대공원'의 소재지는?

① 중구　　　　　　② 남동구(장수동)
③ 연수구　　　　　④ 부평동

127 다음 중 '인천기계일반산업단지'가 있는 곳은?

① 동구
② 서구
③ 미추홀구(도화동)
④ 남동구

128 프로야구 SK와이번스팀이 홈구장으로 사용하고 있는 야구장이 있는 곳은?

① 미추홀구(문학동)
② 남동구
③ 중구
④ 연수구

129 '인천시립 도원체육관'을 가려고 합니다. 소재지는?

① 미추홀구
② 동구
③ 중구(도원동)
④ 남동구

정답 112.④ 113.③ 114.② 115.④ 116.① 117.③ 118.③ 119.③ 120.③ 121.① 122.④ 123.③ 124.④ 125.③ 126.② 127.③ 128.① 129.③

130 인천에서 강원도 고성까지 이어지는 국도는?

① 39번 ② 40번
③ 42번 ④ 46번

131 인천대학교가 위치하고 있는 곳은?

① 계양구 계산동 ② 미추홀구 주안동
③ 연수구 송도동 ④ 연수구 연수동

132 인천 지역의 도서관을 나타낸 것이다. 다음 중 연결이 틀린 것은?

① 중앙도서관 – 연수구
② 주안도서관 – 미추홀구
③ 화도진도서관 – 동구
④ 부평도서관 – 부평구

133 수도권 지하철 노선을 순서대로 나열한 것으로 옳은 것은?

① 도화역 – 간석역 – 주안역 – 동암역
② 간석역 – 동암역 – 백운역 – 부평역
③ 제물포역 – 주안역 – 도화역 – 간석역
④ 인천역 – 동인천역 – 제물포역 – 도원역

134 인천광역시에 소재한 대학교의 위치가 옳은 것은?

① 재능대학교 – 미추홀구
② 인천가톨릭대학교 – 계양구
③ 인하대학교 – 남동구
④ 가천대학교 메디컬캠퍼스 – 연수구

135 남동구 간석동에서 부평구 부평동을 잇는 터널은?

① 백양터널 ② 문학터널
③ 월적산터널 ④ 만월산터널

136 인천문화예술회관이 위치하는 곳은?

① 동구 송림동 ② 중구 관동
③ 계양구 작전동 ④ 남동구 구월동

137 다음 중 강화군청이 위치한 곳은?

① 교동면 ② 삼산면
③ 화도면 ④ 강화읍

138 다음 중 '인천광역시 옹진군 백령도'의 유명 장소가 아닌 곳은?

① 두무진 ② 콩돌해안
③ 사곶(천연비행장) ④ 초지진

139 다음 중 '인천광역시 강화군과 경기도 김포시를 연결하는 교량'은?

① 초지대교 ② 김포대교
③ 일산대교 ④ 행주대교

140 고려 – 조선시대 수도의 외곽을 방어하기 위한 가장 중요한 시설이었던 '삼랑성(정족산성)'이 있는 곳은?

① 중구 ② 옹진군
③ 강화군(길상면) ④ 서구

141 만월산 능선에 위치한 사찰은?

① 약사사 ② 무상사
③ 정양사 ④ 석경사

142 역곡고가사거리에서 숭의로터리에 이르는 도로의 명칭으로 옳은 것은?

① 경인로 ② 경원로
③ 남동대로 ④ 길주로

143 망향비가 있는 곳은?

① 강화군 ② 옹진군
③ 계양구 ④ 연수구

144 중구 신흥동 3가에 위치하고 있는 곳은?

① 근로복지공단 인천병원
② 인천기독병원
③ 인천적십자병원
④ 인하대병원

145 영종대교를 건너기 위해 진입해야 하는 인터체인지는?

① 문학인터체인지
② 부평인터체인지
③ 북인천인터체인지
④ 서인천인터체인지

146 정밀검사를 받는 서인천자동차검사소가 위치한 곳은?

① 계양구 계산동 ② 부평구 삼산동
③ 서구 심곡동 ④ 서구 가좌동

147 주안역에서 문학터널을 지나 송도로 연결되는 도로는?

① 비류대로 ② 미추홀대로
③ 증봉로 ④ 경원대로

148 인천광역시와 관계없는 것은?

① 오이도 ② 을왕리 해수욕장
③ 계양산성 ④ 대청도

149 인천국제공항이 위치한 곳은?

① 미추홀구 숭의동
② 중구 운서동
③ 계양구 계산 4동
④ 동구 송림 2동

정답 130.④ 131.③ 132.① 133.② 134.④ 135.④ 136.④ 137.④ 138.④ 139.① 140.③ 141.① 142.① 143.② 144.④ 145.③ 146.④ 147.② 148.① 149.②